"中国名门家风丛书"编委会

主　编：王志民

副主编：王钧林　　刘爱敏

编委会成员（以姓氏笔画为序）

于　青　　王志民　　王钧林

方国根　　刘爱敏　　辛广伟

陈亚明　　李之美　　黄书元

编辑主持：方国根　李之美

本册责编：钟金铃

装帧设计：石笑梦

版式设计：汪　莹

中国名门家风丛书

王志民 主编　　　王钧林 刘爱敏 副主编

邹城孟氏家风

朱松美 著

人民出版社

总　序

优良家风：一脉承传的育人之基

王志民

家风，是每个人生长的第一人文环境，优良家风是中华优秀传统文化的宝库，而文化世家的家风则是这座宝库中散落的璀璨明珠。

历史上，中国是一个传统的农业宗法制社会，建立在血缘、婚姻基础上的家族是社会构成的基本细胞，也是国家政权的基础和支柱。《孟子》有言："国之本在家，家之本在身"，所谓中华文明的发展、传承，家族文化是个重要的载体。要大力弘扬中华优秀传统文化，就不可不深入探讨、挖掘家族文化。而家风，是一个家族社会观、人生观、价值观的凝聚，是家族文化的灵魂。

以文化教育之兴而致世代显贵的文化世家，在中华文明发展史上，是一个闪耀文化魅力之光的特殊群体。观其历程，先后经历了汉代经学世家、魏晋南北朝门阀士族、隋唐至清科举世家三个不同发展阶段。汉代重经学，经学世家以"遗子黄金满籯，不如教子一经"的信念，将"累世经学"与"累世公卿"融二为一，成为秦汉大一统之后民族文化经典的重要传承途径之一。魏晋南北朝是我国历史上一个分裂、割据，民族文化大交流、大融合时期，门阀士族以"九品中正制"为制度保障，不仅极大影响着政治、经济的发展，也是当时的文化及其人才聚集的中心所在。陈寅恪先生说：汉代以后，"学术中心移于家族，而家族复限于地域，故魏、晋、南北朝之学术宗教皆与家族、地域两点不可分离"。隋唐以后，实行科举考试，破除了门阀士族对文化的垄断，为普通知识分子开启了晋身仕途之门。明清时期，科举更成为唯一仕进之途。一个科举世家经由文化之兴、科举之荣、仕宦之显的奋斗过程，将世宦、世科、世学结合在了一起，成为政权保护、支持下的民族文化及其精神传承的重要节点连线。中国历史上的文化世家不仅记载着中华文化发展的历史轨迹，也积淀着中华民族生生不息的精神追求，是我们今天应该珍视的传统文化宝库。

分析、探究历史上文化世家的崛起、发展、兴盛，尤其是其持续数代乃至数百代久盛不衰的文化之因，择其要，则首推良好家风与优秀家学的传承。

优良家风既是一个文化世家兴盛之因，也是其永续发展之基。越是成功的家族，越是注重优良家风的培育与传承，越是注重优良家风的传承，越能促进家族的永续繁荣发展，从而形成良性的循环往复。家风的传递，往往以儒家伦理纲常为主导，以家训、家规、家书为载体，以劝学、修身、孝亲为重点，以怀祖德、惠子孙为指向，成为一个家族内部的精神连线和传家珍宝，传达着先辈对后代的厚望和父祖对子孙的诫勉，也营造出一个家族人才辈出、科甲连第、簪缨相接的重要先天环境和文化土壤。

通观中国历代文化世家家风的特点，具体来看，也许各有特色，深入观其共性，无不首重两途：一是耕读立家。以农立家，以学兴家，以仕发家，以求家族的稳定与繁荣。劝学与励志，家风与家学，往往紧密结合在一起。文化世家首先是书香世家，良好的家风往往与成功的家学结合在一起。耕稼是养家之基，教育即兴家之本。"学而优则仕"，当耕、读、仕达到了有机统一，优良家风的社会价值即得到充分的显现。二是道德传家。道德为人伦之根，亦为修身之基。一个家族，名显当世，惠及子孙者，唯有道德。以德治家，家和万事兴；以德传家，代代受其益。而道德的核心理念就是落实好儒家的核心价值观：仁、义、礼、智、信。中国传统知识分子的人生价值追求及国家的社会道德建设与家族家风的培育是直接紧密结合在一起的。家风是修身之本、齐家之要、治国之基。文化世家的优良家风积淀着丰厚的道德共识和治家智慧，是我们当今应该深入挖掘、阐释、弘扬的优秀传统文化宝藏。

20 世纪以来，中国社会发生了巨大的质性变化：文化世家存在的政治、经济、文化基础已经荡然无存，它们辉煌的业绩早已成为历史的记忆，其传承数代赖以昌隆盛邃的家风已随历史的发展飘忽而去。在中国由传统农业、农村社会加速向工业化、城市化转变的今天，我们还有没有必要去撞开记忆的大门，深入挖掘这一份珍贵的文化遗产呢？答案应该肯定的。习近平总书记曾经满含深情地指出："不忘历史，才能开辟未来；善于继承，才能善于创新。优秀传统文化是一个国家、一个民族传承和发展的根本，如果丢掉了，就割断了精神命脉。"优秀的传统家风文化，尤其是那些成功培育了一代代英才的文化世家的家风，积淀着一代代名人贤哲最深沉的精神追求和治家经验，是我们当今建设新型家庭、家风不可或缺的丰富文化营养。继承、创新、发展优良家风是我们当代人必须勇于开拓和承担的历史责任。

在中华各地域文化中，齐鲁文化有着特殊的地位与贡献。这里是中华文明最早的发源地之一，在被当代学者称为中华文明"轴心时代"的春秋战国时期，这里是中国文化的"重心"所在。傅斯年先生指出："自春秋至王莽时，最上层的文化，只有一个重心，这一个重心，便是齐鲁。"(《夷夏东西说》)秦汉以后，中国的文化重心或入中原，或进关中，或迁江浙，或移燕赵，齐鲁的文化地位时有浮沉，但作为孔孟的故乡和儒家文化发源地，两千年来，齐鲁文化始终以"圣地"特有的文化影响力，为民族文化的传承、儒家思想的传播及中华民族精神家园的建设作出了其他地域难以替代的贡献。齐鲁文化的丰厚底蕴和历史传统，使齐鲁之地的文化世家在中国古代文化世家中更具有一种历史的典型性和代表性，深入挖掘和探索山东文化世家对研究中国历史上的文化世家即具有一种特殊的意义和重大价值。

自 2010 年年初，由我主持的重大科研攻关项目《山东文化世家研究书系》（以下简称《书系》）正式启动。该《书系》含书 28 种，共约 1000 万字，选取山东历史上的圣裔家族、经学世家、门阀士族、科举世家及特殊家族（苏禄王后裔、海源阁藏书楼家族等）五个不同类型家族展开了全方面探讨，并提出将家风、家学及其与文化名人培育的关系作为研究的重点，为新时期的家庭教育及家风建设提供历史的范例。该《书系》于 2013 年年底由中华书局出版后，在社会上、学术界都引起了较大反响。山东数家媒体对相关世家的家风

进行了追踪调查与深度报道，人们对那些历史上连续数代人才辈出、科甲连第的世家文化产生了浓厚的兴趣；对如何吸取历史上传统家风中丰富的文化滋养，培育新时期的好家风给予了更多的关注与反思。人民出版社的同志抓住机遇，就如何深入挖掘、大力弘扬文化世家中的优良家风，培育社会主义核心价值观，重构新时代家风问题，主动与我们共同研究《中国名门家风丛书》的编撰与出版事宜，在全体作者的共同努力下，经过一年多的努力，终于完成。

该《中国名门家风丛书》，从《书系》所研究的 28 个文化世家中选取了家风特色突出、名人效应显著、历史资料丰富、当代启迪深刻的家族共 11 家，着重从家风及家训等探讨入手，对家族兴盛之因、人才辈出之由、优良道德传承之路等进行深入挖掘，并注重立足当代，从历史现象的透析中去追寻那些对新时期家风建设有益的文化营养，相信这套丛书的出版会受到社会各界的关注与喜爱！

2015 年 9 月 28 日

于山东师范大学齐鲁文化研究院

目　录

母教当年著，人间轶事传。

宫墙今万仞，故里昔三迁。

裕后谋贻善，承先代有贤。

家风敦孝悌，世泽庆长绵。

——节录车保成 1911 年《入庙瞻遗像》

前　言

　　家风是什么？家风是一个家族传统积淀的风尚或作风，它是一个家族的所有成员共有的生活习惯、思维方式及言行表现的总和，也是家族成员品格、文化素养、道德情操、人际关系的具体体现，社会学家称之为"家族文化"，心理学家称之为"精神风貌"。

　　家风与家族如影随形。

　　与西方相比，中国的家族发展在时间上特别久远，在程度上特别发达。这主要是因为中国在由史前氏族血缘向国家地缘过渡过程中血缘关系解体不充分造成的。

　　从血缘向地缘转变，是人类社会组织形式变化的一般规律。而中国由于辽阔的自然地理环境和特有的农业经济生产方式，在由史前血缘向阶级社会过渡的过程中，血缘解体并不充分。它使史前特有的血缘关系在进入阶级社会后变换形式，以血缘家族的方式继续强固地保存下来。这样一来，就使中国本该以地缘为特征的古代社会长期带有浓厚的血缘特性，这一特性的外在表现形式就是家族组织的长期存续。即便在夏、商、周三代典型的血缘宗法组织解体之后，血缘家族组织仍然继续留存，在整个两千年封建社会，特别是民间社会发挥着巨大的组织和管理作用。

在每一个家族的长期存续和发展过程中，经过几代人的不断积淀，一个家族往往会形成诸如思维方式、生活习惯、品格情操、信仰追求等等为整个家族成员共同认同的文化取向。它作为这个家族历久弥新的共同信条和风尚，被每一代成员共同遵守并代代相沿下来，通常被称为家风。

家风受到重视开始于魏晋南北朝世家大族的形成和繁盛。北周庾信《哀江南赋》"序"有"潘岳之文采，始述家风；陆机之辞赋，先陈世德"，宋代司马光《训俭示康》有"习其家风"，辛弃疾《水调歌头·题永丰杨少游提点一枝堂》也有"一葛一裘经岁，一钵一瓶终日，老子旧家风"的记载，从上述时人对家风的关注可以看出魏晋唐宋以来家风的时尚。

放眼大处，家风是世代相传的民族文化的朴素沉淀，深深地镌刻着民族地域的丰富的文化特色。同时，它作为一种历史的延伸着的文化现象，也包含了与时俱新的多变的时代特征。但是，无论社会如何变迁，只要家存在，家风的存在就如影随形。

历史上，中华民族基于独特的地域文化特点，又基于人类普遍崇尚的温柔、敦厚和善良，曾经形成并长期流传着优良的家风。

孝敬父母是家风。父母对家族血缘存续地付出，决定了孝敬父母是人类最朴素最本真的情感，也是社会公德的基本体现。

待人厚道是家风。厚道是一个人的优良品行，是对人诚恳，老实做人，踏实做事，不算计，不计较，不欺骗。这种品性使人信赖，让人踏实，令人感动。如阳光，似春风，给人带来宁静、祥和与温馨。

为人诚信是家风。诚信是一个人日常行为的诚实和人际交往中的信用，它代表着真实无妄，言行一致，一言九鼎，一诺千金。"人而无信，不知其可"，"民无信不立"，"信，国之宝也，民之所庇也"。诚信是中华民族最为崇尚的传统美德和优秀品质，它既是立人之本、齐家之道，也是商业之魂、治国之宝。

正直守法是家风。正直是"富贵不能淫，威武不能屈，贫贱不能移"。守法是遵守社会规则。它是一个人坚持正道，不畏强势，敢作敢为的优良品格。

勤劳节俭是家风。"业精于勤，荒于嬉；行成于思，毁于随。"勤劳是价值实现的桥梁，是事业成功的前提。所谓"君子以俭德避难"，所谓"历览前贤国与家，成由勤俭败由奢"，勤劳节俭不仅是家庭美德，也是所有中国人的传统美德。

"吃亏是福"是家风。吃亏是懂得宽容，放下无谓计较，享受快乐的源泉；吃亏是坚毅、坚韧的心理磨炼，是摆脱烦恼，消弭灾祸的法门；吃亏是人格魅力的体现，事业成功的助力；吃亏是"舍"与"得"的哲学辩证，是舍小得大的智慧抉择。所以，吃亏是福。

这些家风，作为民族特有的基因密码，代代遗传，塑造着中华民族的民族性格，规范着中华民族的历史进程，也决定着中华民族的未来走向。

家风的形成非一朝一夕之功，它是一个家族几代甚至几十代人基于民族传统之上的共同的思想和行为积淀，蕴含了几代或几十代人酸甜苦辣的生活体验和沉思感悟。然而，它一旦形成，便如同一个家族的灵魂，被所有家庭成员一代代严遵恪守，绝无动摇，成为这个家族昭然的身份名片和历史符号。所以，喜欢读史的人们常常会在中国历史记录里惊奇地发现：无论是成就各异的"三张"（张君劢、张嘉璈、张幼仪），抑或是事业相同的"三钱"（钱学森、钱三强、钱骥）

原来都是出自一个家族，"一门多豪杰"，家风的力量实在令人感叹。

法国作家罗兰说："生命不是一个可以孤立成长的个体。它一面成长，一面收集沿途的繁花茂叶。它又是一架灵敏的摄像机，沿途摄入所闻所见。每一分每一寸的日常小事，都是织造人格的纤维。环境中每一个人的言行品格，都是融入成长过程的建材，使这个人的思想感情与行为受到感染，左右着这个人的生活态度。环境给一个人的影响，除了形的模仿以外，更重要的是无形的塑造。"家风是一个家族历经多代形成并传承下来的精神风貌和作风品质的集中体现。

家风是无字的典籍，春风化雨，润物无声；家风是人性的熔炉，潜移默化，耳濡目染；家风是家族子弟人生历程的第一所学校，也是所有家庭成员的一面精神旗帜。正是在它的怀抱里，在它的影响下，成就了家庭成员一生的荣辱。

家风看似很小，小到一个人清白做事，老实做人，谦恭长辈，礼让幼童。

家风实则很大，大到由成就个人品德而影响家国天下，所谓"一屋不扫，何以扫天下；一室不治，何以天下家国为？"这正是儒家阐述的"欲治其国者，先齐其家"的落脚点。正如从一个温和谦逊的家庭很难走出暴戾蛮横的莽夫，一个诚实守信的家庭很难走出投机取巧的奸商一样，一个与人为善、正人正己的家庭也很难培养出推诿失责的冷血、恃强凌弱的恶徒。所以，孟子说："人人亲其亲，长其长，而天下平。"

可见，家风既是家庭的塑形剂，关乎家庭的未来；家风又是社会的培训场，关乎民族的未来。可以想见，如果人人带着家的幸福温暖，怀揣着家的美好期盼走向社会，爱国、敬业、诚实、守信，这个国家就一定有富强、民主、文明、和谐的未来。

一、「峄阳孕地灵，邹鲁曾观风」

——孟氏家族是怎么崛起的

家风是随着家族的兴起而形成的。在历史上，孟氏家族因为出现了孟子，才成为孔、孟、曾、颜四大圣贤家族之一。孟子和他的圣贤身份决定了孟氏家族的家风内涵与特点。

（一）孟子与孟氏家族

孟氏家族在孟子以前的历史，因为时间太过久远，文献上又没有记载，已经非常模糊。论其源头，通常认为有两个：一个是鲁国孟孙氏，另一个是卫国公孟絷。前一个说法似乎更为合乎情理。

鲁国孟孙氏是鲁桓公的后代。鲁桓公共有四个儿子，长子继位为鲁庄公，其余三个儿子依次叫庆父、叔牙和季友，他们后来受封，自立一宗，依次称孟孙氏、叔孙氏和季孙氏，号称"三桓"。

"三桓"的势力后来发展壮大，逐渐操控了鲁国政权，甚至 度将鲁国国君赶出国外。"三桓"之间一开始势均力敌，后来，季孙氏一家独大，独自控制了鲁国政治，号称鲁国的"执政卿"。

公元前408年，齐国攻打鲁国，摧毁了孟孙氏的据点郕，这对渐趋衰势的孟孙氏是一次致命打击。丧失家园的孟孙氏只得奔走他国，虽然还没有文献记载可以证明当年孟孙氏直奔邹国定居下来，但是，考虑到邹鲁为邻，孟孙氏奔走他国，首选邻国，就近择居，应该是一个比较合理的推测。

大约在迁移前后，孟孙氏被简化称为孟氏，这和以前季孙氏被简化称为季氏同出一例。孟氏在邹国繁衍生息，到了公元前372年，家族里诞生了一个非凡的人物——孟子。正是他改写了孟氏家族默默无闻的历史，创造了孟氏家族的光荣与辉煌。

孟子出生在战国时期，这是一个诸侯并争的动荡年代，也是一个百家争鸣的年代。孟子高举孔子的思想旗帜，猛烈批判杨朱的为我主义和墨子的兼爱主义，大力倡导仁政和平，呼吁以和平的方式而不是战争的方式来实现统一，让百

孟子衮冕像

姓过上安宁的日子。孟子的智慧和才华赢得了不少士人的赞同和支持，游学齐国稷下学宫的时候，一度出现了"后车数十乘，从者数百人"的盛况，成为那个时代最具号召力的儒家巨擘。

孟子无疑是其整个家族永远独领风骚的圣人，后世被奉为孟氏始祖实乃理所当然。孟子以后，其后裔继续扎根于邹鲁，也有一部分开始向外迁徙，由近及远，山东各地以及河南、河北，乃至川陕、江浙、两湖一带都有孟氏族人的身影。

汉代以后，孟氏家族有过两次大规模的迁徙。一次是魏晋南北朝，北方战火连绵，孟氏后裔汇入南渡洪流，迁徙到江浙一带，孟龙符是此次南迁的始迁祖；第二次是金与蒙古进入中原，宋室南渡，孟彦弼、孟忠厚父子"扈后南渡"，成为此次南迁始祖，从此孟氏分为南、北两大分支体系。

孟氏家族与我国其他家族一样，在魏晋战乱动荡的环境中就像一叶浮萍，在迁徙流移中艰难生存，这正体现了一个道理，那就是：个人、家族的命运与国家的命运是息息相关的。

不过，孟氏家族这种糟糕的状况在唐宋以后突然发生了改变。从唐朝开始，孟子的政治地位在知识界和政治层的共同推动下被不断抬高。到元代，终于达到了"亚圣"的最高位置，在儒家学派系统里仅次于"至圣"孔子。

这样，在唐宋以后，随着孟子地位的提高，孟氏家族在宋、元、明、清几代帝王的不断封赠下，作为圣贤家族正式崛起了。

而随着家族的形成，一代代孟氏子孙在政府的支持下，以孟子的信仰和追求为职志，筚路蓝缕，不断努力，在使家族得以不断壮大的同时，也逐渐积淀形成了以"诗礼传家"为特点的圣贤家风。

(二)"亚圣"封号与孟府繁荣

那么，孟子地位为什么在经历了那么长的沉寂之后，在唐宋以后又突然受到重视了呢？孟氏家族又是怎样借着孟子地位的抬升而崛起的呢？

孟子地位提高的历史契机是当时的政治和社会形势。

唐末五代以后，封建经济和政治面临新的结构调整，再加上哲学深邃、体系严密的印度佛学对中国传统的正统学说儒学的冲击，衰落凌替的儒家意识形态必须重新建构，以适应封建政治新形势的需要。站在意识前沿的知识分子率先看到了时代的呼唤，从韩愈重建儒家系统开始，紧接着是二程、王安石、朱熹等宋儒的不断努力，由学界推动政界开始关注《孟子》在儒学系统再造和重建中的重要作用。直到朱熹，终于形成了《论语》、《孟子》、《大学》、《中庸》"四书"系统。朱熹结合时代需求，对四部书籍作了新的解说，借解说经典完成了新的儒学思想体系的建构，也从而使"四书"正式取代了"五经"成为新的儒家经典。而随着《孟子》的入经，孟子的升格，在中国这样一个讲究伦理的社会里，孟氏家族得到重点关注和建设，家族的地位逐渐得到提升也便成为顺理成章的事情。

在这样的历史机缘下，孟子而后始终不为人知的孟氏家族，在经历了近千年的沉寂后，开始焕发出勃勃生机。

公元 1036 年（宋仁宗景祐三年），孔子四十五代孙孔道辅担任兖州知府。孔道辅一到任，就即刻派人四处查访，终于在离邹城东北二十多里的四基山找到了久已淹没于杂草之中的孟子墓。孔道辅在惊喜之余，即刻派能工巧匠"除去莽榛"，于墓旁修建孟子庙。还让当时很有名的泰山学者孙复写了一篇《新建孟子庙记》，刻碑立于庙旁。之后，孔道辅又派人四处寻访孟氏后裔，最终在凫村找到了孟氏四十五代孙孟宁，并将他推荐到朝廷。孟宁被朝廷任命为迪功郎、邹县主簿，专门负责孟庙的祭祀。由此，孟宁成为孟氏家族中兴的"中兴祖"，孟氏家族从此重新接续上久已中断的家谱

孟子墓

孟母林孟宁墓碑

和家族祭祀，与此同时，又不断地受到宋、元、明、清历代政府的多方奖掖，家族的兴起和繁衍从此才成为真正的事实，孟氏家族在政治的优渥中开始从"中兴"走向辉煌。

孔道辅的访墓立庙，开启了孟氏家族的"中兴"之门，也开启了至圣孔府和亚圣孟府两个家族间源渊久远的一段千年佳话。

孔道辅的访墓立庙，看似一个偶然事件，但偶然背后的必然是：一方面是孔子和孟子作为儒学的开创者和后继者的历史机缘；另一方面也是更重要的方面，则是唐宋之后应合政治需求而出现的孟子地位的上升。孟氏家族的中兴，是孟子地位上升的一个连带结果。

1. 唐宋《孟子》升格与孟氏家族崛起

从唐宋开始，孟子从战国秦汉以来"诸子"地位的低迷状态，一下子跃居为孔子以后儒家第一人的显要位置。周予同把这一跃起过程称为"孟子升格运动"。这里所谓的"升格"，就是孟子受到学界和政界重视因而社会地位不断上升的一个过程。所谓地位上升主要表现在两个方面：一是《孟子》在儒家典籍中由"子"入"经"，成为我国后封建时代科举必考的儒家经典"四书"之一；二是孟子本人受到学界和政界的双重尊崇，研究者越来越多，政府封赠的名号和头衔也越来越高。

这个运动从 8 世纪中叶的中唐开始直到 13 世纪的南宋中叶，前后经历了大约 5 个世纪。在这前后 5 个世纪的时间里，其中最值得一提的是三个人物，他们从不同方面的努力，对孟子地位的提升起了关键的作用：

一个是北宋的王安石。钱穆在《朱子学提纲》中曾经特别提到王安石尊孟的事，他说："唐韩愈始提倡孟子，至宋代王安石特尊孟，奉之入孔子庙。"王安石在孟子地位提高过程中的作用为什么最值得一提呢？原因就在于：一般纯学者尊孟，只能从舆论上呼吁，他们无力将学术和舆论层的尊孟推到政治和实践层面。只有当时属于学、政两界双栖的王安石才真正靠着他在政界的地位和权威完成了这个任务。

王安石一生服膺孟子，把做孟子式的人物作为自己一生的奋斗目标。今天保存在《琬琰集删存》中的《王荆公安石传》就提到说：王安石常常声称自己特别向往学习孟子。宋朝人罗从彦在《豫章文集》中评价王安石的时候，也说他："高明之学，卓绝之行，前无古人，其意盖以孟子自待。"这些话在现实中应该是有实指的。我们从收入《王文公文集》中如"孔孟如日月，委蛇在苍。光明所照耀，万物成冬春"等王安石赞颂孟子的大量诗句中，可以大概领略到一二。另外，在欧阳修为王安石写的诗《赠王介甫》中也有类似的表述："欲传道义心虽壮，学作文章力已穷。他日若能窥孟子，终身何敢望韩公。"王安石对孟子的敬仰并非停留于表面，他对孟子的研究的确下了很大工夫。他不仅自己写了《孟子解》十四卷（可惜没有保存下来），而且他身边的亲朋弟子和政治助手也都深受他的影响，喜欢研究《孟子》，比如他的儿子王雱有《孟子解》十四卷，门人龚原有《孟子解》十卷，甚至他的连襟王令也著有《孟子讲义》五卷。

与学者尊孟不同的是，王安石在担任宰相期间，借着手中的政治权力，把孟子升格运动由单纯的理论提倡推向政治实践，其中最重要的就是正式将《孟子》列为科举考试必考内容。从此以后直到清代，《孟子》一直被列为国家官定的科举考试内容。甚至在王安石辞去相位，他推行的新法也逐渐被废除的情况下，他发动的政治尊孟，在之后的神宗和徽宗时期仍然继续发挥着后续效力。

王安石对孟子地位的提升的确功不可没，被称为孟子升格运动的"第一功臣"也是实至名归。

另一个是南宋的朱熹。他从《礼记》中选取了《大学》、《中庸》两篇，与《论语》、《孟子》合到一起，称"四书"，又结合时代精神，对这四部经典进行了重新解说，撰成了一部《四书集注》。我们国家思想体系创新向来习惯于借助对经典的解说来完成。明明是顺应时代需求提出的一种新思想，却偏偏要从祖先那里去找依据，说祖先的原始文献就有这样的意思。因为不这样，人们对你提出的全新的东西就不怎么相信。而这又是因为，我们国家是历史悠久的农耕社会，老祖先的耕作和生活经验足以借鉴，长此以往，人们便形成了一种特别相信祖先的"依圣托古"的心理。朱熹借助于对这四部经典进行的发挥性解说，完成了应对佛学挑战、满足封建社会后期政治需求的新的儒家思想体系，这个思想体系就是通常所说的"理学"。更重要的是，从此开始，在中国封建时代的后千年中，"四书"取代了"五经"，成了科举选拔的必考内容，也成了中国成千上万知识分子进身的必由之路。

还有一个是南宋的第一任皇帝宋高宗。他以封建最高统治帝王的身份把尊孟提到了国家最高治国理念的高度。他不但将孟子有关国家大政的主张写到屏风上，以便时时观摩，还御书石经《孟子》，甚至以是否尊孟作为官吏黜废的依据。当时有一个地方官吏，名叫晁说之，撰写了《诋孟》一书，表达对孟子的排诋和非难，结果惹得高宗大怒，说：孟子发明正道，他晁说之是何方神圣，竟敢非难孟子。结果借着晁说之请求告老的机会，顺水推舟将他逐出了朝廷。晁说之因为非难孟子而断送了前程。由此可以看出孟子在南宋帝王心目中占据的重要位置。尊孟情感一旦渗入政治，便成了左右治道的重要因子。

"四书"系统的形成，标志着"孟子升格运动"的结束。经过这次升格运动，《孟子》由中国古籍经、史、子、集四部分类中第三位"子"的地位蹿升到第一位"经"的行列里，正式跻身于儒家核心经典。孟子思想成为封建社会后期学术和政治思想的正统，孟子地位也随着孟子思想的正统化而扶摇直上。

随着孟子地位的提升，孟氏家族也不断受到政府的特殊呵护，开始进入实质性发展阶段。

2. 元代孟子"亚圣"地位确立与孟氏家族的发展

元朝是蒙古族进入中原建立起来的政权，游牧的蒙古族在进入中原初期，原本对中原农耕经济文明并不认同，对中原文化当然也不置可否。但是，久而久之，进入汉族文化区的蒙古贵族也不得不承认，要想在中原站稳脚跟，必须全面适应并接受中原先进的经济方式、政治制度和文化观念。换句话说，在思想领域里还是不得不重视儒学。在这样的背景下，元朝对儒家思想后继者孟子的尊崇不仅不减前朝，而且还达到了历史最高点，孟子正是在这一时期被尊奉为"亚圣"，政治荣誉达到了历史最高的巅峰位置。

有必要说明的是：自从宋代朱熹形成以《四书集注》为核心的理学体系后，元代学界的"尊孟"实际上已隐身到"宗朱"的背后，更多以"宗朱"的形式表现出来。有两个现象可以证明这一点：一是元代有关孟子的著述多以"四书"命名，只有为数不多的著作直接以"孟子"为名；二是元代对孟子思想的阐释，只局限于宗主朱熹《孟子集注》成说，或训考字义，或解说义理，而不是直接关注《孟子》本身的意义。至于为什么会出现这种现象，显然与政治的指挥棒作用以及隐藏在背后的经济利益驱动有关。

元代对孟子的尊崇，也可以从学界和政界两个方面看，两者互相影响、互相推动。

元代学界尊孟，一方面是宋代尊孟的学术路线自然延伸的结果；另一方面也是政治上实践程朱理学，特别是用朱熹对"四书"的解说为标准进行科举取士的结果。

元代学界研究朱熹和孟子最有成就的是金履祥和许谦师徒。这两个人都是朱熹学派的传人，是元代理学的代表，也是元代宗朱尊孟的典型。金履祥研究孟子的最大成果是《孟子集注考证》七卷，这是针对朱熹《孟子集注》所作的疏。这部书从"悯夫世之不善学朱子之学者"的目的出发，对朱子学说阐幽发微，可以称得上理解全面、准确且不乏独到之处。许谦是金履祥的徒弟，隐居八华山，治学授徒，人称白云先生。许谦研究孟子的成果是《读四书丛说》。这部书最大的成就是以求实的态度宗朱尊孟，既"不苟异，亦不苟同"，对朱熹成说或纠正，或补充，或发挥，不墨守成规，因此得到了后人的称赞。

元政府的崇儒，虽然起初属于被动行为，但当他们进入中原，意识到必须"以汉人的思想统治汉人"之后，便开始改变统治策略，重视和提倡儒家思想。

从元世祖至元二十四年（1287）起，政府就设立了国子学，并明文规定：凡读书必先《孝经》、《小学》、《论语》、《孟子》、《大学》、《中庸》，次及《诗》、《书》、《礼记》、《周礼》、《春秋》、《易》。元武宗于至大元年（1308）秋颁诏，给孔子加上了"大成至圣文宣王"的封号。五年之后，也就是仁宗皇庆二年（1313），又以"先儒周惇颐、程颢、程颐、张载、邵雍、司马光、朱熹、张栻、吕祖谦从祀"。从这个从祀队伍名单可以看出，随着时代的向后延伸，儒家的传承系统也在不断后延。

在完成了对至圣孔子的封赠后，仁宗又在延祐三年（1316）正式颁布诏书，加封孟子的父亲为"邾国公"，孟子的母亲为"邾国宣献夫人"。两年之后，元仁宗又以"扭转隋唐以来科举以词赋为尚的浮夸风气"为理由，下诏：科举取消词赋，专以德行、明经取士。在全国四等公民（元代将全国国民分为蒙古、色目、汉人、南人依次递降的四个等级）的考试中，全部将《孟子》列入首场试题的内容。而且还明确规定：答案只许用朱熹的解释。这样一来，儒家经典借助科举的力量，成了知识分子踏入仕途的阶梯。而反过来，当士子们借由这一通道踏入仕途之后，又必然将他们尊儒重儒的思想理念贯彻到他们的执政行为中，从而在很大程度上影响和左右了元代最高统治者重视儒学的统治策略。

儒学借助科举，成就了自身的理论抱负。同样，孟氏家族也借助于国家对儒学的推尊，成就了自我的壮大。

元泰定帝泰定五年（1328），皇帝下诏：拨赐孟庙祭田三十顷，这是国家首次给孟府拨付祭田。在孟氏家族的发展史上，这又是一个历史性突破，它标志着官方从此开始了对孟氏家族在经济上的资助，这样的资助到明代达到了鼎盛。

与此同时，对孟子的政治封赠在元文宗时也达到顶峰。元文宗至顺二年（1331），在加封孔子的父亲叔梁纥为"启圣王"、母亲颜氏为"启圣王夫人"的同时，封颜子为兖国复圣公，曾子为郕国宗圣公，子思为沂国述圣公，孟子为邹国亚圣公。这样，以孔子为核心的儒家，形成了包括孔、孟、颜、曾、子思在内的至圣、亚圣、复圣、宗圣、述圣的"五圣"系统。元文宗在封赐圣旨中还特别宣称："朕……缅

加封孟子为邹国亚圣公碑

怀邹鲁之风，非仁义则不陈，期底唐虞之治。英风千载，蔚有耿光，可加封邹国亚圣公。"此文记载在《元史·祭祀志五》中。这是孟子有史以来受到的最高政治封赠。从此以后，孟子就被称为"亚圣"，这个封号和地位一直延续至今。

还要补充几句：到了元顺帝至正十四年（1353），大元的统治已经是风雨飘摇，危机四伏。当时，占据高邮的张士诚屡诏不降，元政府只好派宰相脱脱前往镇压。当一杆人马行进到济宁的时候，仍然没有忘记派官员到曲阜祭祀孔子，到邹县祭祀孟子。这件事情记载在《元史·脱脱传》中。对于马背上打天下的蒙古统治者来说，孔、孟儒家思想在他们心目中占据的位置之重要由此可见一斑，这也是最高统治者对儒家思想在国家政治中强大的工具性效力的一种潜在认同。

3. 明、清孟子地位继续提升与孟氏家族的鼎盛

历史进入明、清，中国封建制度已经渐入沉暮。越是这样，统治者为了强化专制集权，越急于加强思想控制，急于利用儒家思想巩固统治。而一个偶然的事件，又从侧面加速了大明王朝尊崇儒学的步伐。当年，朱元璋在与江南割据势力的角逐中，曾经受到标榜为宋学正统的浙东学派的帮助。这一经历，迅速拉近了这位和尚出身的皇帝与孔孟儒家之间

的亲近感，也促使他充分认识到了儒学与国家政治之间的紧密联系问题。所以，朱元璋在政权建立伊始，就迫不及待地授意江南知识分子，以祖先祭祀与家庙制度为核心再塑家族宗法，而其中对孔、孟圣贤家族的重视和利用也理所当然地成为首要的政治任务。

《明史》记载，明太祖于洪武元年就以孔子乃"万世帝王之师"，下了一道让孔子五十六代孙孔希学袭封衍圣公的命令。紧接着，又在同年下诏孟子五十四代孙孟思谅主持孟子家族祭祀，并下令世代免除孟氏家族赋役，还在孔、颜、孟三氏家学中正式设教授和学录，把三氏家学正式纳入国家管理范围，致使圣人家学从此成了官、私兼营的学校，圣贤私学在壮大发展的同时，向官学迈进了一大步。

虽然在洪武五年，因为朱元璋不满《孟子》中诸如"君之视臣如土芥，则臣之视君如寇仇"之类否定帝王绝对权威的话，曾一度取消了孟子配享孔庙的特权（史称"罢配享"事件），但这件事有如雪地鸿爪，旋即烟消云散，对孟子的尊崇很快恢复了，孟子和儒家的政治地位没有受到丝毫动摇和影响，以至于这件事情在明代正统史料里都没有记载。自朱棣夺取政权之后，终明一代，政府对儒学的提倡至少有以下两件事值得一提：

第一件是明成祖朱棣于永乐十三年（1414）下诏，命翰林院学士胡广、侍讲杨荣等人开馆东华门外，同时纂修《五经大全》、《四书大全》和《性理大全》。书成之后颁赐天下，朱棣亲自为书赐名并作序，"序"中对编撰这三部"大全"的用意和目的作了清楚的说明：为了使全天下人更好地研读经书，探求圣贤之蕴，"穷理以明道，立诚以达本，修之于身，行之于家，用之于国，而达之天下"。

第二件是在明代宗时期，这时候，明代统治已经进入中期，内有宦官专权，外有蒙古进逼。从"土木之变"到"夺门之变"，代宗在任七年间，时刻面临英宗复辟的危险。但就在如此窘迫恶劣的政治环境下，代宗还没忘了多次下诏倡导儒学，在政治和经济上优礼孔、孟、颜家族。包括政治上："景泰三年授予孟希文翰林院五经博士，并令子孙世袭。"同年，又下诏选拔颜氏、孟氏子孙中长而贤的各一人，授以京官。同时，还明确地确认了孔、颜、曾、孟四圣子孙世袭衍圣公一职。孟氏世袭五经博士享受赴京参加帝王临雍大典、万寿圣节，以及赔侍，宴赐、颁衣、加级的特别的荣崇和优待。经济上：于景泰六年应都察院左佥都御史徐有贞的请求，下诏赐给颜、孟祭田多达百顷，还有佃户十家，并再度下令，圣贤家族（包括赐予的佃户在内）一并免除徭役。

清朝与明朝相比，相同的是封建制度都已行将就木，不同的是清朝以少数民族入主中原，统治更具复杂性，因而思想控制更加强化，怀柔与迫害相结合的文化手段更加典型。在这样的情况下，利用家族宗法和儒家文化仍然是强化思想统治的最好办法。清朝对宗法家族的提倡包括以下五个方面：颁布《圣谕广训》，制定保护条例，落实家庙制度，抚慰地方大族和建立以"宗族为纬"的地方统治网。与此同时，对儒家、孟子的褒扬和奖掖也更加不遗余力：

大清入关的第一年（即顺治元年），清世祖就授予孟子六十三代孙孟贞仁"翰林院世袭五经博士"的封号。

圣祖于康熙二十六年在孟庙立巨碑，盛赞孟子："岳岳亚圣，岩岩泰山，功迈禹稷，德参禹颜。"康熙皇帝的这块《御制孟子庙碑》至今还屹立在孟庙承圣门外东侧康熙御碑亭内，碑上遒劲的楷书字体和缠绕的盘龙，宣示着皇家的至尊与威严。

世宗雍正帝也于继位的第三年，亲笔为孟庙题匾"守先待后"，为孟府亲书"七篇贻矩"，孟子六十五代孙孟衍泰荣幸地接受了这次来自大清帝王的亲笔颁赐。这两块带着皇家气势的匾额至今还悬挂在孟庙亚圣殿内神龛正上方和孟府大堂檐下，作为孟子府、庙的重要景观，见证着孟氏家族受到的来自于皇家的无上荣宠。

高宗又于乾隆十三年，亲自御制《亚圣赞》，并在孟庙

孟庙承圣门前的康熙御碑亭

孟庙亚圣殿内的"守先待后"匾

孟府大堂内的"七篇贻矩"匾

刻碑立亭，盛赞孟子"卓哉亚圣，功在天地"，这块碑现在仍然矗立在孟庙亚圣殿院东庑的乾隆御碑亭内，成为孟氏家族接受皇家殊荣的又一见证。除此之外，乾隆帝还在先后五次巡视孔子故里的时候，派大臣分祭孟庙，并分别在乾隆二十三年（1756）和二十七年（1762）先后两次亲自到孟庙拈香行礼，为孟庙亚圣殿亲书"道阐尼山"匾额和"尊王言必称尧舜，忧世心同切禹颜"的楹联。孟子六十七代孙孟毓翰亲自接受了这一来自最高统治者的赐予，并把它们恭恭敬敬地悬挂在孟庙亚圣殿的门楣和门柱上，孟氏家族受到的政治优礼在清代达到极盛。

在政治光环的笼罩下，孟氏家族继续享受着圣贤后裔的种种荣宠。家族人丁更加兴旺，象征家族延续的谱志也随着家族子嗣的延续不断续写，其中孟子六十五代孙孟衍泰和七十代孙孟广均组织编写的《三迁志》一并流传后世。

不过，清代学界的孟子研究，在对明亡教训的反思和清代的思想高压下，表现出和政治上尊孟不同的格调。学术上反空疏和政治上避高压，促成了清初学术研究向反对程朱、追求实证上转向。不过，这一转向倒是无心插柳，使清代学界的孟子研究另辟蹊径，再现生机：黄宗羲的《孟子师说》、戴震的《孟子字义疏证》，周广业的《孟子四考》、黄本骥的《孟子年谱》、曹子升的《孟子编年》、任兆麟的《孟子时

孟庙亚圣殿前的乾隆御碑亭

孟庙亚圣殿前的"道阐尼山"匾

事录》、狄子奇的《孟子编年》，还有阎若璩的《四书释地》、《孟子生卒年月考》，翟灏的《四书考异》，任启运的《孟子考略》，崔述的《孟子事实录》，焦循的《孟子正义》等一大批考证性成果竞相问世。这些成果使孟子生平中的一些模糊问题在被不断地关注和追索中呈现愈辩愈明的趋势。

　　总的来看，从战国至清代，孟子地位由隐而不彰到扶摇直上达至极度尊崇。究其原因，内部取决于《孟子》七篇本身的思想内容，外部则与社会和政治需要紧密关联。特别是唐宋以来由于外来佛教的挑战，引发了内部儒学的自我提升和重塑。在这场儒学重塑的运动中，《孟子》因为对心、性等哲学问题的涉猎而率先引起学术界的注意，由韩愈道统论的构建最终达到宋代理学的构建。与学术关注的同时，政治层对孟子的关注，也走着一条不断上升的路子。

　　孟子地位的变迁过程，既说明了其思想本身作为圣之时者的涵容性和与时俱新性，也反映了中国政治对于学术强大的涵摄力。也就是说，中国的学术、思想或者经典全部处于政治的覆盖之下，扮演着政治附庸的角色，这正是中国专制政治不同于西方的地方。透彻地认识到这一点，才能准确而深刻地把握孟子地位变迁与孟府崛起这一独特的历史文化现象。

　　随着孟子地位的提高，孟氏家族也在政治层的多方扶植下迅速崛起，主要表现在以下三个大的方面：

第一，政治上后裔袭封。自明代宗景泰三年（1452）赐封孟子五十六代孙孟希文"世袭翰林院五经博士"开始，作为世职被以后的孟子嫡裔子孙世代承袭。主要职责是管理孟府内部事务，主持孟子祭祀与编纂族谱家志，弘扬儒家文化等。自此以后，直到民国二十四年（1935）南京国民政府改封孟子七十三代孙孟庆棠为"亚圣奉祀官"为止。"世袭翰林院五经博士"这一封号在孟子嫡系后裔中承袭了十八代，历时484年。职位虽然只有七品，在封建官阶等级中也并不算高，但一个家族的荣崇与发展能够如此长盛不衰，在中国除了曲阜孔氏家族外，一般家族难与匹敌。

第二，经济上优免赐赠。朝廷对孟氏家族在经济上的优礼包括赐田、赐民、赐府第与优免差徭两方面。一是赐田。自宋代对孟子嫡裔赐田始，元、明、清历代帝王从未间断，直至民国。宋代的赐田有神宗元丰六年（1083）和徽宗政和四年（1114）两次，数额都不大。规模最大的赐田是在元、明两代，特别是元泰定帝泰定五年（1328）和明代宗景泰三年（1452）、景泰六年（1455）的三次赐田。期间虽然有赐而复失，失而复赐的数额变动，但大致稳定在五十顷左右，在地理分布上遍及邹县西半部。二是赐庙户、佃户、门子。宋徽宗宣和四年（1122）朝廷给孟府拨

第一任"亚圣奉祀官"孟庆棠像

赐庙户，此后，元顺帝至正二十六年（1366）和明宪宗成化十八年（1482）也曾有所封赠，总数基本维持在五户到二十五户之间。不仅如此，自明代宗景泰六年（1455），朝廷又在诏赐祭田的同时钦赐佃户和门子。康熙二十二年（1683）《大清会典》记载，当时孟府共有钦赐佃户三十二户，庙户二十五户，门子五名。庙户、佃户和门子主要负责孟子府庙的洒扫祭祀和门户看守。三是赐礼乐生。明代宗景泰六年（1455），朝廷诏孟庙设礼生 56 名，以供祭祀礼乐之用。实行情况从现存清末民初孟府档案的传礼"谕单"可窥其一二。按照政府的优礼政策，孟府所有的佃、庙户及礼乐生全部享受蠲免杂差的待遇。四是赐府第。孟子府庙林墓建设始于何时，限于史料已不得而知。但在政府和朝廷关注下的府庙林墓建设，则是始于宋仁宗景祐四年（1037）。此后，历经金、元、明、清八百年兴废、重修与扩建，渐成今日辉煌。从历次修葺情况看，其间纵然有孟府后裔的私人努力，而历朝中央和地方政府在政策倾向及财力物力方面的鼎力支持更是关键。五是优免赋役。对孟氏族人优免差徭始于唐代。从唐太宗贞观元年（627）诏免圣贤子孙赋役开始，唐玄宗开元十三年（725），开始明确诏免孟氏子孙赋役。其后，宋、元、明、清历代政府不断延续，其中仅元朝就先后五次下令蠲免孟氏后裔赋役。

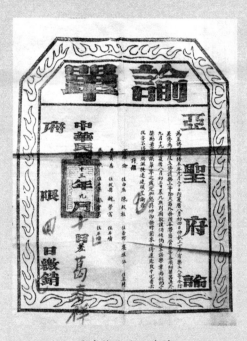

孟府传唤乐工谕单

孟府俯瞰

第三，文化教育上优学优试。政府对孟氏家族子弟教育的关注和优渥，体现在学校设置、校址迁建、学田赐赠、学官设置与管理，以及生徒入仕等多个方面。其一，孟氏（包括颜、曾）子孙加入孔子家学受教而形成四氏学的整个过程，便是在政府的直接关怀下完成的。随着孔子家学向四氏学的扩展，政府对四氏学教育的参与和干预程度也不断增强，家族私学逐渐向国家官学蜕变。其二，迁、扩建校址。从孔氏家学到四氏学，校址曾屡经迁移和扩建。几乎每一次迁建都有政府财力物力上的支持。比如明孝宗弘治十一年（1498）孔、孟、颜"三氏学"学馆的大规模修建，就是由时任兖州知府龚宏奏请，在山东巡抚、巡按的亲自主持下完成的。正是此次修建，奠定了以后四氏学校址的基本规模。其三，赐田拨款。政府在对"四氏学"实施政治干预的同时，又从宋代开始，不断通过赐学田和拨款对四氏学予以经济上的支持，以至于帝王和地方官府的拨赐，成为四氏学日常管理、校址修建、学官俸禄、生徒生活和考试用项的主要来源。其四，生徒优渥。政府通过特设"耳"字号、在曲阜专设考棚及增加考试和贡生名额等在科举、选贡方面的一系列带有明显倾向性的政策，使三氏、四氏学生员在入仕上享受着种种特殊优渥。孔、孟、颜、曾四氏子弟在这些政策倾向的优待下，不断出现科第蝉联的"繁荣"景象。

二、「居仁由义，守先待后」

——孟子弘道与家风奠基

因为有了孟子，才有了后来孟氏家族作为圣贤家族的荣耀与辉煌。但遗憾的是，孟子从战国到隋唐的上千年间充其量只不过是诸子之一，并没有真正以一个儒学后继者的身份受到足够重视，再加上孟子出生在那个战乱动荡的特殊时代，因而，对于他的家世、生平自然也就没有多少人予以特别的关注和记载。所以，当后来的学者们回头考查孟子生平的时候，才恍然发现：关于孟子家族以及孟子生平等问题很多都是模糊不清的，比如孟子的生卒到底是哪一年？孟子一生到底有着怎样的经历？甚至连孟子的父亲叫什么，孟子的母亲姓什么、哪儿人都一概成了搞不清的问题。

好在司马迁在《史记·孟子荀卿列传》里对孟子生平总算有一百三十多个字的生平介绍，再加上唐宋以后随着孟子被重视，学者们对《孟子》一书中的相关问题进行艰难的研究、考证和探索，关于孟子的生平事迹和思想发展历程总算有了一个大概的了解。只不过由于原始资料不确切，各家说法也难免带有推测成分。

（一）艰难游历

孟子名轲，生卒年代大约在公元前 372—前 289 年之间，大概活了 84 岁。过去，民间老人们常有"七十三、八十四，阎王不叫自己去"的说法，其中的"七十三"、"八十四"就是指孔子和孟子的寿数。民间百姓们大概认为：圣人都只活了这个岁数，一般百姓在年龄上也就更不敢有什么奢望，能活到圣人的寿数，就已经是幸福了。

孟子在 18 岁之前一直在出生地邹国长大，在这期间，幼小的孟轲接受了母亲关于如何成长、如何做人，甚至如何对待家庭与事业等许多有益的教诲。汉代刘向《列女传》一书里记载的孟母教子的故事，大多是在这一时期发生的。母亲是孟轲第一任启蒙老师，而且是一位非常优秀的启蒙老师，以至于孟母因此获得了中国"母教一人"的桂冠，受到历代文人的敬佩、赞扬和封建帝王的封赠。她的教子经验，也被编入少儿启蒙读物《三字经》，成了民间广泛传播的儿

孟子像

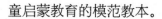

童启蒙教育的模范教本。

18岁到40岁，是孟子学习知识和了解社会的积累期。他先是到鲁国游学四年，跟随孔子的孙子子思的门人学习儒家经典，持之以恒的旦夕勤学，奠定了他一生追慕孔子、承继儒学的知识体系和思想基础。学习回国后，开始模仿孔子创办书院，广育天下英才。甚至因为显著的教育效果而很快就小有名气了。有一次邹国和鲁国发生了纠纷，邹穆公还亲自向他询问处理办法。

但是，正像《论语》里说的："士不可以不弘毅，任重而道远。"在那个诸侯争霸、死难无数的战乱年代，受到孔子思想影响的孟子格外有一种铁肩担道义的使命感和"仁以为己任"的强烈情怀。他要像孔子一样，周游各国，到任何一个有可能接受他思想的地方去践行他仁爱天下的宏图抱负。于是，从40岁开始，学有所成的孟子走上了艰难的弘道之路：辗转于宋、滕、魏之间，并前后两次到齐国，游说诸侯摒弃霸道，实现王道。

他先是到了当时东方的大国齐国。在那里，孟子与告子展开了关于人性善恶问题的辩论，正是在这场辩论中所暴露出的矛盾问题，引起了孟子的深入思考，并不断完善他的理论学说，最后形成了仁、义、礼、智的思想体系。

后来，在滕国，孟子受到了"馆于上宫"的良好待遇，滕文公还多次就治国大事求教于他。借助这个机遇，孟子在滕国发表了一系列有关国家经济、国民教育和社会秩序等方面的重要言论，提出了正经界、行井田、制民之产、减轻赋税，以及设学校、重教育等重要的治国方略。它们作为孟子仁政思想的重要组成部分，标志着孟子政治思想体系的日臻完善。

但是，滕国是一个小国，虽然竭尽全力，仍不免时时受到齐、楚两个大国的威胁，滕文公整日惶惶不可终日，以苟延残喘为目的。孟子意识到，在如此弱小、自顾不暇的小国中实现仁政的路途似乎太过于遥远。孟子对于在滕国实现仁政逐渐由希望而失望。恰在此时，魏国的魏惠王正在为了强大自我招贤纳士，于是，孟子便率领门徒千里迢迢地来到魏国。

魏国在韩、赵、魏三家分晋后，在魏文侯统治时期因为发奋变革而一度成为战国首霸。但到魏惠王后期，由于东方的齐和西方的秦的改革都已初见成效，魏国渐次失去了独霸地位，由强转弱，不断受到齐、秦、楚几个周边大国的威胁和侵夺。对此并不甘心的魏惠王决意招贤纳士，重振旗鼓，以图东山再起。所以，当魏惠王见到孟子的时候，掩饰不住内心的急切，劈头就问："叟！不远千里而来，亦将有以利吾国乎？"这一问，引出了孟子关于义与利的辩论，展示了孟子以义取利，义以为上的著名思想。但这在一心强国争霸雪耻的魏惠王看来，远水不解近渴，无疑迂阔至极，孟子的仁政思想再遭拒绝。

孟子因为对梁惠王一心热衷于急功近利的"霸道"而心怀不满，黯然地离开魏国。而此时的齐国经过威王改革，日渐强大，刚继位的宣王正踌躇满志，一心想称霸统一。几度失望的孟子又燃起了最后一线希望，再度到齐国推行他的仁政理论。

齐国田氏的第三代国君齐桓公田午为了聚集人才，在齐都临淄城西门（一说南门，当时称"稷门"）附近成立了一个稷下学宫（相当于今天的"官办高等学府"）。学宫经威王到宣王的努力经营，一直保持了自由、开放的学术风气。无论来自哪个国家，也无论哪个学派和持什么思想的学者，都可以来到这里，享受"上卿"的优厚待遇，衣食无忧地在这里袒露自己的思想，发表自己的见解。因此，稷下学宫当之无愧地成为各国各派学者研究学术、阐发观点、议论政治的学术中心和思想前沿，最兴盛的时候达到数千人。孟子到齐国后，接受了齐宣王"卿大夫"的名衔，住进稷下学宫，与齐聚于此的诸子彼此争鸣，共论天下。当然，更重要的是利用一切机会，循循善诱、曲折迂回地向宣王灌输"置民之产"、"关市不征"、"任贤使能"的仁政思想。但齐宣王固执地认为这些措施并不能使齐国迅速强大并快速称霸，因而对孟子的主张常常虚与委蛇，"顾左右而言他"，孟子仁政的最后一线希望破灭。

62 岁的孟子最终意识到，在那个崇尚"力功争强，胜者为右"的年代，"虽有道德，不得施谋"，想想一生为仁政理想而苦苦求索，四处奔波，现在已经年老体衰，该是叶落归根的时候了。绝望的孟子怀揣一腔无奈回到了自己的出生地邹国，在生命最后的 20 年里著书立说，留下《孟子》一书，寄希望于在将来道德可以"施谋"的时候，能够为实现仁政提供一些有益的指导。

（二）弘扬儒道

进入春秋时期，周代的礼制等级制度彻底崩坏了，人们对"天""神"也不再相信了，人的思想和行为完全失去了约束，开始变得肆无忌惮：儿子杀父亲、大臣杀国君的现象屡屡出现，整个社会陷入一片混乱。面对这种不可收拾的乱局，一大批先觉者、思想家开始苦苦寻求重新恢复社会秩序的良方，孔子就是其中之一。孔子诊断社会混乱的病根是由于人们心中爱的淡化而导致礼乐崩坏，于是他开始收徒讲学，不避艰险，到处游说，试图通过发掘人人内心原有的仁爱情感，来消除彼此的争斗和血腥。但是，孔子的努力似乎收效并不大。

一百多年后，历史进入战国时期，为利益争夺而发生的杀戮不仅没有停止，反而变本加厉地上升为各大国之间更加激烈的兼并战争，刀光剑影，血流漂杵，死难无数，民不聊生。在这种情势下，受到孔子思想浸润的孟子当仁不让地扛起了儒学仁爱天下的旗帜，他要不惜代价，拼尽全力，让仁爱和平的阳光普照世间。

1."得其民斯得天下"——百姓是国家的根本

孟子面对的局面比孔子的春秋时期更加危急，为了更有效、快速地改变危局，救民于水火，他把关注的重点从孔子的个人仁爱转向了统治者的仁政。从仁到仁政，孟子开创了他的王道政治学说。他根据当时各国都想励精图治、称霸诸侯的心理，劝说各国国君放弃以武力统一的霸道，用以德服人的王道统一天下。他的王道理论，把人心向背作为政治成败得失的关键，他说："失其民者，失其心也。得天下有道，得其民斯得天下矣。"（《孟子·离娄上》）显然，这既是对孔子"仁"的学说和"德治"思想的发挥，也是孟子在新形势下的政治创见。

孟子对"仁政""王道"的政治设计包括以下四个方面：

一是保民以安，反对暴力统一。战国时期的兼并战争与社会动荡比之春秋时期尤为惨烈，激烈的战争给人民生命财产带来深重的灾难。所谓"争地以战，杀人盈野；争城以战，杀人盈城"（《孟子·离娄上》）并不是孟子的夸张，秦国一次攻魏就"斩首十万"，攻韩"斩首五万"，长平大战一次坑杀战俘四十万。所以，孟子与孔子一样坚决反对战争，尤其反对杀人越货的野蛮战争，痛斥战争的发动者是"率土地而食人，罪不容于死"（《孟子·离娄上》）。但是，与春秋不同的是，战国时期兼并与统一已经是大势所趋。顺乎历史发展的大潮，孟子从根本上并不反对统一，只是反对通过置百姓生命安危于不顾的野蛮战争的方式实现统一，希望用推行德治，利用民心向背实现国家的统一和人民的安定。所以，当梁惠王问他天下怎样才能安定时，他毫不犹豫地回答"定于一"。但是怎样才能实现统一，保民安宁呢？孟子指出了与法家"以战止战"不同的路径，即用保民安定，不嗜杀人的"以仁止战"来实现天下统一，"如有不嗜杀人者，则天下之民皆引领而望之矣"（《孟子·梁惠王上》）。

二是制民之产，推行井田。孟子认为社会动荡、人心离散的主要原因是暴政给人民带来的生活困苦，"仰不足以事父母，俯不足以畜妻子；乐岁终身苦，凶年不免于死亡"（《梁惠王上》）的艰难，必然使人轻生好战。因为当人们处于生死垂危边缘的时候，不免就会想：反正也活不下去了，那就打吧，也许可以拼杀出一条生存的血路。所以，孟子认为最好的办法是让百姓拥有自己稳定的土地财产，"有恒产者有恒心，无恒产者无恒心。苟无恒心，放辟邪侈，无不为己"（《孟子·滕文公上》），这种恒产就是"五亩之宅，树之以桑，五十者可以衣帛矣"（《孟子·梁惠王上》）。而使民有恒产的最好办法就是仿照古代，推行井田制，他在《孟子·滕文公上》中描述了井田制的美好蓝图："仁政，必自经界始。经界不正，井地不均，谷禄不平，是故暴君污吏必慢其经界。经界既正，分田制禄可坐而定也。"

春秋时期齐国的管仲曾经说过："衣食足而知荣辱，仓廪实而知礼节"，这是一条颠扑不破的真理。人的生存永远是第一位的，对于一个忍受饥饿的人要求他去讲文明礼貌无疑是愚蠢的。只有当老百姓有了固定的产业，有了固定的衣食来源，吃饱了肚子，心才会安定，才可以上升到更高层次的文明礼貌、礼义道德，才能指望他们能关爱他人，出入相友，守望相助，疾病相扶持，社会才能亲睦、安宁、和谐而美好。让我们看看孟子的描述吧："王如施仁政于民，省刑罚，薄税敛，深耕易耨；壮者以暇日修其孝悌忠信，入以事其父兄，出以事其长上。"这是一幅多么其乐融融的美好蓝图啊！民之所望，即施政所向。所以，一个英明的统治者，必须懂得把人民生活放在首位，首先解决他们的温饱问题，让他们衣食无忧、安家乐业，在这个基础上才能实现国家进步、社会和谐、天下太平。所以，仁政才可以使一个国家真正的强盛，这样的国家是没有任何力量可以战胜的，这就叫作"仁者无敌"。

三是取民有制，使民以时。制民之产只是从制度上保证了民众的生活资料免于被兼并的危险，但如果不能免于横征暴敛，百姓的恒产仍然难保持，"有布缕之征，粟米之征，力役之征。君子用其一，缓其二。用其二而民有殍，用其三而父子离"（《孟子·尽心下》）。只有省刑罚，薄赋敛，勿夺其时，数口之家才能无饥（《孟子·梁惠王上》），人民才能保持长久地安定富足。所以当滕文公向孟子问怎样治理国家时，孟子回答："贤君必恭俭，礼下，取于民有制。"（《孟子·滕文公上》）

四是重视普及教育。人和动物不同，动物只满足生存的简单需求就够了，人却不一样。人除了最基本的物质方面的需求外，还有更高层次的精神需求。当人们衣食无忧之后，就开始特别强烈地要求精神心灵的满足。人只有物质的满足是不行的，还要精神和心灵的充实，这也是人和禽兽的本质区别。当物质穷困的时候，人们的注意力都集中在为生存而奋斗，虽然日子过得艰难，只要还能维持生存下去，社会至少不会出什么大乱子。但当人们的物质欲望得到了满足，而精神却处于空虚状态的时候，社会就会因为物质上的糜烂而出现问题。而能够使人得到精神满足的最好办法就是通过教育这个桥梁，提升人们的文化水平和道德素养。孔子和孟子不愧为先觉者，他们都看到并且极为重视这个问题。当年孔子在去卫国的路上，弟子冉有问他"人民富庶了之后，下一步该怎么办"的时候，孔子就毫不犹豫地回答说：接下来就要教育他们讲求道德，懂得廉耻。孟子对这个问题的认识更深刻，他说："人之有道也，饱食、暖衣、逸居而无教，则近于禽兽。"（《孟子·滕文公上》）孟子警示人们：物质富裕并不等于道德提高，如果人们的物质生活丰裕了而道德教化却没有及时跟上，那么富裕的生活反而会加速将人与社会推行堕落的深渊。所以他再三强调，当个人、家庭和社会富裕之后，要通过家庭、学校、社会多方合力，加强对人们的伦理道德教育。

另外，孟子的仁政思想还包括养民孤老、尚德任贤，等等。总之，孟子仁政的核心是"政在得民"，即得民心者才能得天下。

2. 人性本善——仁政是可行的

让统治者推行爱民的仁政能行得通吗？这是孟子劝说统治者实行仁民爱民的仁政之前必须解决和回答的问题。在战国以前的商代和周代，从最高的天子到最底层的民众，他们中间虽然经过层层分封在血缘上已经很疏远，但彼此之间还是有血缘关系的亲属。所以，可以从父慈子孝的家庭伦理关系推演出国君爱护平民的结论。但是，到了孟子身处的战国时期，封建制已经建立。封建制下，国君和平民之间已经不再存在任何血缘亲属关系了。在这种情况下，平民为什么还会心悦诚服地服从国君，而国君又怎么还能够去推行关爱平民的仁政呢？显然，要解决这个问题，仍然像孔子那样，一味地从孝亲向外推到爱人已经行不通了。在这种情况下，孟子干脆从更彻底的人的本性入手来思考和解决这个问题。人有本性吗？人的本性是什么？人本身是不是具有仁爱向善的天然属性呢？如果人人都有一颗天生善良仁爱的心，那么，可以肯定，不论他与别人是否有血缘关系，就都会有"老吾老以及人之老，幼吾幼以及人之幼"（《孟子·梁惠王上》）的善举。

凡物自有性，人当然也有之所以为人的本质属性。孔子认为："性相近也，习相远也。"（《论语·阳货》）只要同是人类，就都具备人的属性，简称人性。孔子肯定了人性是存在的，认为人的这种与生俱来的自然属性是基本相同的。而且，孔子还认为人的自然属性中存在着天然向善的倾向，所以他才说"人之生也直"（《论语·雍也》）、"天生德于予"（《论语·述而》），意思就是：正直直率，崇尚道德善良是人性中生而即有的品质。不过，孔子在肯定人的自然属性的同时，也看到了后天的"习"，也就是后天的学习、经历和环境等社会因素对人性的影响。这种影响并不与生俱来，属于人的社会属性。

孔子以后，很多人也都关注讨论过人性的问题。到了孟子的时候，有一个叫告子的就提出了"食色性也"的说法。告子认为除了好食、好色是本性外，人性没有善恶倾向，就像一股湍急的水流，是往东流还是往西流，要看在哪里掘开一道口子，水本身并没有一定要往东还是往西流的属性。孟子不同意这个观点，和告子展开了激烈的辩论。

孟子认为，按照告子的说法，人和牛马动物都只懂得食色，那人岂不是就等同于禽兽了吗？在孟子看来，人虽然也有一般动物的本性，好食好色，但人与普通动物还是有区别的，区别就在于人有向善的倾向，好礼义、崇道德。这种好善的倾向是天然就植根在人心之中的，就像有人看到一个婴孩掉进井里，虽然这些人与这个婴孩并不是亲戚，也不认识他或他的父母，但人们看到这种不幸的时候，还是会为之不胜悲伤唏嘘。所以，孟子相信，只要是人就都有恻隐之心、羞恶之心、辞让之心和是非之心："无恻隐之心，非人也；无羞恶之心，非人也；无辞让之心，非人也；无是非之心，非人也。"（《孟子·公孙丑上》）这四种心就是仁、义、礼、智四种道德的发端（《孟子·公孙丑上》："恻隐之心，仁之端也；羞恶之心，义之端也；辞让之心，礼之端也；是非之心，智之端也"）。这是人心中天生就有的四种崇尚善的根芽（《孟子·告子上》："仁义礼智，非由外铄我也，我固有之也"），人性的向善性就是来自于这四种善端。但是，有了这四种善端并不意味着人就一定会表现为善，还必须经过后天加强学习不断培护。就像一颗幼苗，需要在一个温度合适的暖房里加以悉心照料，它才能茁壮成长一样。后天不断加强向善的教育和影响，才能使人心中这棵善的幼芽茁壮成长，使人的善的本性表现出来，成为一个真正善良的、有道德、有境界的高尚的人。但在现实中，我们为什么往往看到的是人表现为不善良、无道德的恶呢？孟子认为这就是因为后天没有好好培养教育的结果，人性中天生的善的幼芽，在后天恶劣的环境中没有很好地成长起来而夭折了。就像一座山，本来草木茂盛，可如果天天砍伐，天长日久，也就变成光秃秃的了。

一个社会，特别是当物质文明发展特别快的时候，新产品不断涌现，它们对人的诱惑不断加大，驱使着人们去不顾一切地追求这些物质利益，为得到利益常常会不择手段，人性的善端在这种物质追逐中就不知不觉全部或者部分丧失了。孟子所生活的时代就是这个样子。孟子把这种现象叫作"放心"，就是把原本善良的心放逐了、丢失了。孟子对这种现象感到非常痛惜，说人养个鸡狗冲出篱笆跑掉了还要找回来呢，何况一个人把"心"都丢了呢！所以，他终生奔波，呼吁人们特别是统治者，把丢掉的善心找回来，使人的善良之心不丢失，人人和睦向善；使统治者的善良之心不丢失，仁民爱民推行仁政。这种找回向善之心的最好办法就是通过学习和接受良好的道德教育，所以他深深地慨叹："仁，人心也；义，人路也。舍其路而弗由，放其心而不知求，哀哉！人有鸡犬放，则知求之；有放心，而不知求。学问之道无他，求其放心而已矣。"（《孟子·告子上》）

孟子通过论证人性善，首先为人们尤其是统治者打开了一扇向善的希望之门，使他们坚信人人都是向善的，人人可以走向善之路，这就是孟子说"人人可以为尧舜"（《孟子·告子下》）的意思。孟子在人性问题上的这番努力论证，在理论上为仁民爱民，为仁政的可能性提供了一种支撑。但同时，他也指出要推行仁政需要后天向善的努力，需要通过学习、修养不断进行良好的心灵和精神塑造。所以，他在奔走于各国，劝导仁政之余，又同时把从事教育，特别是道德教育作为一生神圣的责任和使命。

3. 义利之辨——君子爱财，取之有道

人们无论做什么事情，总是希望对自己有利而无害才好，这是符合人之常情的。但是，孟子却告诫人们：凡事不要只想着自己的利，在衡量对自己有利的时候，还要想一下是否符合义。

什么是"义"？中国最早的字典《说文解字》里说：义，是一个人的威仪，也是一个人做事情正确、恰当，符合道理、合乎尺度的表现。这是不难理解的，一个人的威严、威仪来自哪里？来自于这个人内心坦荡直率，为人诚实豁达的良好素养。如果一个人为人正直，性格直率，胸怀宽广，正派坦荡，那他的外表和行为表现就一定是有威严的。这就是《论语》中所说的："君子坦荡荡，小人长戚戚。"那什么是"利"呢？"利"原本是指刀刃锋利，后来引申为顺利、利益和好处。一件事情对某个人或国家有好处，就叫作有"利"。

义利之辨的起因是，孟子到魏国见到了魏惠王（因为把都城迁到大梁，也叫梁惠王），当时正饱受齐、秦、楚周

边三个大国欺侮的魏惠王，一见到孟子就如同见到了一棵救命稻草，劈头就问：这位老者啊！您千里迢迢地来到魏国，能做点什么对我们魏国有利的事情吗？孟子立刻严肃地说：您为什么张口先谈"利"呢？在谈"利"之前，要先讲求一个"义"字。如果从国王到大夫到每一个普通人，人人都只知道一个"利"字，人人都只求对自己有利，国王只想着怎样才对我的国家有利，大夫只想怎样对我自己的家有利，每一个普通人也只想怎样才能对我自身有利。上上下下都只想着怎么对自己有利，而不考虑一下在求"利"之前，还有一个"义"字，这样势必就会陷于自私自利。只想自己，不顾他人，甚至不惜损人利己。国王为了自己的利扩张国土而轻率地发动战争，驱使百姓浴血沙场；大夫为了自己的利，去篡夺政权而杀掉国君；普通人也人人为了自己的利而损害别人，这就是人人只求对自己有利的可怕结果。所以，孟子大声疾呼："何必曰利，亦有仁义而已"（《孟子·梁惠王上》），每个人都多想想仁义吧，不要张口闭口只想着谈利。

以往，人们往往会将孟子的"何必曰利"误解为：孟子让人不要讲利益。这种理解是不正确的。儒家从孔子那里就从来没有说过让人不要追求利益。孔子曾说过："富而可求也，虽执鞭之士，吾亦为之。"（《论语·述而》）什么意思呢？

孔子说，如果可以挣到钱，可以使自己变得富有的话，那即便是给人驾车这种一般人看来比较低贱的活，我也会乐于去干。孔子的意思是，靠自己正当的劳动求富，合理合法，堂堂正正，没有什么不可以的。但是，孔子同时又说："富与贵，是人之所欲也；不以其道得之，不处也。"（《论语·里仁》）用今天的话说，发财升官，是每一个正常的人都向往的，但不用正当的手段去获得富贵，则君子不齿，"不义而富且贵，于我如浮云"（《论语·述而》）。用偷盗抢劫、欺行霸市、投机取巧、坑蒙拐骗甚至谋财害命之类不正当的手段谋求发财，用巧取豪夺、敲诈勒索、贪污受贿、以权谋私之类不正当的手段谋取升官，这些都属于"不义而富且贵"，这样的富贵，在孔子看来，就好像天上的浮云，任何一个胸怀道义、聪明睿智的正人君子都是无论如何不会去干的。因为浮云是不踏实的，终究会随风飘散，到头来一场梦幻，害人害己。

在这一点上，孟子完全继承了孔子的思想。有一件事情最能证明这一点。

一次，弟子彭更问孟子：您整天率领着几十辆车子，几百个弟子，以宣传仁义的名义浩浩荡荡地从这个国吃到那个国，接受人家的衣食和钱财馈赠。您不觉得这样有点过分，不觉得不好意思吗？孟子回答说：如果我做的是无道理、无意义的事，那即便一碗糙饭也不会随意要人家的；如果我做的事既合理又对他们有意义（各国统治者如果能听从我的劝导，仁义治国，和平统一，全社会其乐融融，没有战争流血），那么，我现在接受他们点馈赠又有什么不可以呢？当年尧把整个天下交给舜，舜都欣然地接受了，也没有觉得有什么不合适呢。你觉得我做得过分吗？孟子从来不主张毫无缘由地做苦行僧，有车不坐，有饭不吃，有钱不要。但坐与不坐，吃与不吃，要与不要，关键在于要看是否合乎道义。符合道义，利再大也不为过；不符合道义，利再小也不接受。

可见，孟子也不绝对拒绝求利。因为孔子和孟子都明白，人要生存离不开衣食，要满足衣食之需，就免不了追求物质利益。在这一点上，"利"与"义"是一致的。对于个人而言，求利以维持生存，满足衣食之需，过上好日子，这本身就是不违背人情的合乎道义之举；对国家而言，"义"就是保民以安、反对暴力、制民之产、取民有制、使民以时、普及教育、养民孤老、尚德任贤、民贵君轻，总之一句话就是施行仁政。对个人而言，"义"就是求利不害人；对国家而言，"义"就是求利以为民。总之，不论是个人还是国家统治者，在利与义的取舍选择之间，一个最公正的衡量标准就是："君子爱财，取之有道"。

另外，还需要说明的一点是，对每一个个人而言，在衣食物质利益之外，还有一个更高层次的道德精神层面的需求，这就是美国著名心理学家马斯洛的人类需求层次理论。对于衣食无忧的人，就要重视提倡或引导追求更高层次的精神食粮，志存高远，以实现个人价值追求为人生更高目标。从这个角度看，物质满足与精神需求之间，后者显然是一种更高的精神境界追求，因为它最大地体现了人之所以为人的价值所在。所以，孟子常常流露出对这种崇高境界的钦羡，倡导少数高尚的人可以超越物欲，舍生取义。"生亦我所欲也，义亦我所欲也；二者不可得兼，舍生而取义者也。"（《孟子·告子上》）

孟子的舍生取义，是针对有着更高道德追求的士人而言的，不可以把它作为对每一个普通人的要求，如果要求每一个普通人也去舍生取义，那就过于理想化了，是行不通的。人群之中，总是会有不同层次境界之分，对具有高境界的人可以提倡舍生取义，舍小家为大家，舍小我为大我，但对普通人就不可以同样提这样过于拔高的要求，否则就会犯过于理想主义的毛病。如果硬要这样的话，无论是对个人还是国家、社会都将贻害无穷。最糟糕的结果将是：大多数人被迫伪装成高尚，而事实上又做不到，于是只能是粉饰表面，一大批虚伪的伪君子也就由此诞生了。

4."反求诸己"——善于反躬自省是一种人生智慧

一个人，当他在生活、事业不成功，或者在家庭关系和社会人际关系处得不好的时候，主要从谁身上找原因呢？是先找别人的不是，埋怨环境的恶劣，还是多从自己身上找原因呢？这对于一个稍有文化的人来讲原本是不成问题的。因为唯物辩证法清清楚楚地告诉过我们：事物的内因是起决定作用的。所谓内因，就是事物的内部矛盾；外因，是事物的外部矛盾。内因和外因在事物发展过程中的地位和作用是不同的。内因是事物变化发展的根本原因和根本动力，但事物的发展变化不是只有内因，还有外因。外因是事物变化发展的条件。外因对于事物的变化发展，能够起加速或延缓的作用，有时甚至起的作用还比较大。但外因的作用再大，也是第二位的，起着主导作用的还是内因。

唯物辩证法讲得很到位，但一般人对这些概念理解起来或者会有点难度。我们看看孔孟圣贤对这个问题是怎么分析的。

孔子就认为要多从自己身上找原因。他说："见贤思齐焉，见不贤而内自省也。"（《论语·里仁》）见到贤人，要看到贤人的长处，找到自己的不足，以便改正，向贤人看齐，这样就能使自己不断进步，日积月累，达到贤人的境界和水平，这就是"见贤思齐"。同样，见到不贤的人，也要反过来自己省察一下，把他作为自己的一面镜子或者反面教材，看自己身上是否存在对方的这些缺点毛病，以便及时修正。国家统治也是一样，"其身正，不令而行；其身不正，虽令不从"（《论语·子路》）。当管理者自身端正，以身作则，率先垂范，不用下命令，被管理者就会自动以他为榜样去做；相反，如果管理者自身不端正，不是身体力行，却只一味要求被管理者好好表现，那么，纵然是三令五申、费尽心机，被管理者也不会服从。

孔子的这种见贤思齐的自省精神影响了他的弟子。曾子甚至把它贯穿到了日常生活的每时每刻，他曾说："吾日三省吾身：为人谋而不忠乎？与朋友交而不信乎？传不习乎？"（《论语·学而》）曾子每天都多次进行自我反省：为人出主意的时候是否站在对方的立场上思考问题了呢？与朋友交往时是否诚实守信了呢？每天学了新知识是否常常回头复习了呢？这三个方面的反省，实际上包含了一个人在生活、事业和交友等方面全面的反思。

孟子完全继承了孔子的反省精神。在这方面，孟子给我们留下了很多值得深思和玩味的东西。一个人，不管是普通人还是统治者，遭遇失败或不顺，是从自身找原因还是从身外找原因？孟子说得非常清楚："爱人不亲反其仁，治人不治反其智，礼人不答反其敬。行有不得者，皆反求诸己，其身正而天下归之。"（《孟子·离娄上》）你觉得爱别人了，别人却并不和你亲近，就要反省一下自己，你对别人的这种爱是否足够真诚；国家没有治理好，就要反躬自省一下，你是否具有足够的治国智慧和能力；与别人交往，人家却对你并不礼貌，也要回过头来反省一下自己，你与别人相处时是否发自内心地尊敬人家了？你自己的行为表现又是否足以被人尊重？总之，不论是个人修养还是国家治理，凡事不顺利不成功都要自我反省，多从自己身上找原因。

对于一个人是这样。孟子用射箭作比喻来说明这个道理。他说："仁者如射：射者正己而后发；发而不中，不怨胜己者，反求诸己而已矣。"（《孟子·公孙丑上》）像射箭一样，要把箭射中，必须先端正自身；射不中，不要去怪别人射得太好，要多找找自身的不足，提高自己的射箭技术才是正理。

对于一个家庭或者一个国家也是如此。孟子说："人必自侮，而后人侮之；家必自毁，而后人毁之；国必自伐而后人伐之。"（《孟子·离娄上》）一个人必然是自轻自贱，别人才会蔑视他，瞧不起他。这也就是我们常听说的"可怜之人必有可恨之处"的道理。一个人如果因为平日好吃懒做、自我堕落，不勤奋上进，为人处世是非混淆、黑白颠倒，因此而表现为生活上的贫穷与精神上的无知，由此而招致别人瞧不起、不尊重，这样的人看似可怜，实则可恨。同样，一个家庭，必然是自我内讧内斗，别人才会欺负他；一个国家，必然自我陷入内乱，导致贫弱，毁坏了立国根基，别的国家才敢乘虚而入去进攻他，甚至消灭他。

孟子的话和风细雨，却极有道理。生活中，常常可以听到、看到许多人一事当前，先从或只从自身以外找原因。生活不顺，与人不和，事业不成，一味抱怨环境糟糕，别人不友善，上司不赏识，同事不配合。总之，一切都是别人的错，周围环境的错，总是为自己的失败找借口、找理由，为自己的错误开脱。殊不知，从自我开始，尽最大努力认真做好每一件事，严于律己，宽以待人，"躬自厚而薄责于人"（《论语·卫灵公》），相信"爱人者，人恒爱之；敬人者，人恒敬之"（《孟子·离娄下》），"不怨天，不尤人"（《论语·宪问》），才能找准失败、挫折的真正、主要原因。才能在不断提升自我、完善自我中一顺百顺，走向成功。

唐代名相魏征有一句话："祸福无门，惟人之召。"是福是祸，是顺是逆，是盛是衰，主要是由自己造成的。古人说："各自责，天清地宁；各相责，天翻地覆。"善于自省，是个人进步的阶梯，也是社会和谐的前提。自省是一种人生智慧，也是一种人生境界。

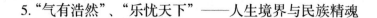

5. "气有浩然"、"乐忧天下"——人生境界与民族精魂

《孟子·公孙丑上》有一段孟子和弟子公孙丑的对话。公孙丑问：请问夫子您有什么擅长的方面？孟子回答说：我特别善于体察和理解别人言辞中表现出的情志趋向，我也特别擅长于培养我的浩然之气。公孙丑问：什么是浩然之气呢？孟子回答说：这很难用一句话概括。它应该是一种宏大刚健的气质品性。它是正义长期浸润内心的结果，需要仁义道德的辅助与滋养。而一旦这种刚毅不屈的气质养成，就会充塞于天地间，使人表现为无所畏惧、无所阿谀的大丈夫气概。

显然，孟子所说的浩然之气，是一种长期修养道德、践履道义形成的，对人对己均无愧怍的充实完满的精神境界。当人达到了这样的精神境界，就会傲然、超然于一切谄媚和卑污。这种正气在现实中体现为"居天下之广居，立天下之正位，行天下之大道。得志，与民由之；不得志，独行其道。富贵不能淫，贫贱不能移，威武不能屈"（《孟子·滕文公下》）的大丈夫气概。

历史上，正是这种浩然正气，培育了儒者崇尚弘毅、以道自任的强烈的社会责任意识。在统治贪婪肆虐的时代，赋予了儒者强烈的民本思想与反叛意识，从而使儒家在积极的入世情结中，多了一分敢明君恶、敢道君非的民本情结和抗志精神。这种精神在孔子的孙子子思那里就突出地表现出来。在1993年湖北荆门市郭店村发掘的一座战国时期楚国墓中，发现了一批竹简，称郭店楚简。其中的《鲁穆公问子思》，记载了鲁穆公和子思的一段对话。鲁穆公问子思说：什么样的人可以称得上是忠臣？子思说：能够敢于说出国君的错误的就可称为忠臣。鲁穆公听后，脸上露出不悦的神情。一会儿，大臣成孙弋觐见。鲁穆公对成孙弋重复了刚才两人的对话。成孙弋说：咦，子思的话说得好啊！为君请命、杀身成仁的人并不少见，但敢道君非、直言君恶，指出国君缺点的人却少得可怜，也是更值得让人敬佩的呀。为什么这样说呢？道理很简单：那些为君赴死之徒，平日里趋炎附势、享受尊爵厚禄，国君有难，他们必须挺身而出，这是他们对爵禄理所应当的回报。而那些敢称君恶的人，却是为真理而远离爵禄的人，这难道不更让人敬重吗？为了道义而宁愿舍弃爵禄的人（因为国君大多不喜欢让一个总是指出自己缺点的人待在自己身边，所以，敢道君非的人往往享受不到高官厚禄），除了子思以外，我没听说还有别人能做到这一点啊。这段记载与《孔丛子·抗志》中所记载的曾子和子思的一段话极为相似："曾申谓子思曰：'屈己以伸道乎？抗志以贫贱乎？'子思曰：'道伸，吾所愿也。今天下王侯，其孰能哉？与屈己以富贵，不若抗志以贫贱。屈己则制于人，抗志则不愧于道。'"在"道"与"势"的对峙中，表现出了真儒从道不从势的风骨。子思"傲世主之心"的凛然正气和反叛精神由孟子继承下来，形成了孟子"士穷不失义，达不离道。穷不失义，故士得己焉；达不离道，故民不失望焉。古之人，得志，泽加于民；不得志，修身见于世。穷则独善其身，达则兼济天下"（《孟子·尽心上》）的人生理念。

浩然正气与敢道君非，二者之间有着必然的逻辑关系：敢称君之恶，必须要有远爵禄的勇气，因为称君之恶的抗志，便要冒不为君用、失掉爵禄而陷入贫困的危险。反过来也一样，所谓无欲则刚，只有不为利禄所累，才能实现真正的人格独立，也才敢于称君之恶。孟子的反对虐政、重民轻君思想正是儒者独立人格与反叛精神在政治参与中的表现。这样的人格修养与精神境界，又被孟氏后裔和后儒继承下来，塑造和影响了他们的处世观和从政观。

具有一身正气的人，他的精神境界必然上升到心怀天下，与民同忧乐。战国时期，各国统治者醉心于"辟土地，朝秦楚，莅中国而抚四夷"，穷兵黩武，连年征战，一面是统治者为满足自己声色犬马、亭阁台榭、骄奢淫逸的生活而欲壑难填；一面是人民为此而血洒疆场，辗转沟壑，贫穷困顿，颠沛流离。面对这些，孟子正气凛然，为民请命。

在魏国，当魏惠王在鸿雁齐飞、麋鹿出没、环境优美的园子里问孟子"贤者亦乐此"的时候，孟子严正地对答说："贤者而后乐此；不贤者虽有此，不乐也。"（《孟子·梁惠王上》）当贫穷痛苦煎熬中的百姓失去了生的欲望，要与骄奢淫逸的统治者共赴灭亡的时候，再美的鸟兽楼阁又岂能继续享受？

在齐国，当齐宣王告诉孟子他好聚敛、好财货、好女色、好音乐、好田猎的时候，孟子同样警示他说，作为国君，你尽可以去爱好，去享乐，但要切记一点，那就是：要与民同乐。"今王田猎于此，百姓闻王车马之音，见羽毛之美，举疾首蹙頞而相告曰：'吾王之好田猎，夫何使我至于此之极也？父子不相见，兄弟妻子离散。'此无他，不与民同乐也……今王与民同乐，则王矣。"同样，"王如好货，与百姓同之，于王何有？……王如好色，与百姓同之，于王何有？"土地人民是国家的根本，有百姓的存在才有国家的存在，有百姓的和乐才有国家的安宁，这其中的道理就是老子《道德经》所说的"贵以贱为本，高以下为基"。如果国家的统治者置百姓苦难于不顾而独享独乐，那他的享乐一定不会长久。所以孟子借着齐王好乐的话题，提醒他与民同乐才能永保长乐，"乐民之乐者，民亦乐其乐；忧民之忧者，民亦忧其忧。乐以天下，忧以天下，然而不王者，未之有也。"

（以上均见《孟子·梁惠王下》）这也是孟子以民为本、民贵君轻思想的最后落脚点。乐民之乐，忧民之忧，则民也乐其乐、忧其忧。想民所想，忧民所忧，乐民所乐，与民共患难、同欢乐、共命运的统治者怎能不得到人民的拥护，国家又岂能不长久、不繁荣、不发达？

"乐以天下，忧以天下"，体现了孟子作为仁者的胸怀、智慧与崇高境界。两千年来，始终熠熠生辉，引导、激励着一代又一代仁人志士"先天下之忧而忧，后天下之乐而乐"，深明大义，爱家爱国，惩治腐败，抵御外侮；它也鼓舞、砥砺着每一个中国人为国家富强、民族昌盛而不畏艰难、矢志不渝、前仆后继。它已成为中华精英们"为天地立心，为生民立命，为往圣继绝学，为万世开太平"的精神内驱力；也早已作为一种民族基因，深入渗透到每一个中华子民的骨髓中、血液里，成为整个中华民族傲然伟岸、自强不屈、团结一致、万众一心实现民族复兴、天下和平的民族精魂。

（三）家风本源

孟子一生继承孔子，不懈地追求个人境界的提升与富强、安宁的仁政社会的实现，创立了博大精神的思想学说。

性善论是孟子整个思想学说体系的基础。孟子坚信人性是善的，人性之善，就像水向低处流一样，源自天然。人表现的恶，不是善性不存，而是被环境和利益蒙蔽而放失了善良的本能。所以，围绕这一点，孟子提出了心、志、气、性等深奥的哲学概念和存心、护性、养气等一系列心性理论。这些理论的提出，为人的自我修养、自我完善以树立人格尊严，为用教育的方法来解决人的问题和社会问题提供了可能；为统治者推行仁政提供了理论依据；也被后来的宋明学者援引过来，成为他们创造理学，提升儒家学说以对抗佛学、适应时代的思想资源。

仁政论是孟子思想的核心。他一生的求索最终就是为了践行仁政，使战乱动荡、上下颠倒的社会重新恢复和谐安宁。孟子对推行仁政的自信是来自于他的性善理论。既然人性是善的，人人都有恻隐之心、羞恶之心、辞让之心、是非之心，那么仁、义、礼、智、信就是可行的，仁政就是可行的。孟子信心满满地为人们描绘出了一幅无比美好的仁政蓝图：人民有土地、种桑麻，丰衣足食，心情宁静而平和；国家刑罚省、税敛薄，使民以时，取民有制，上下同乐；社会教育发达、文化繁荣，人人文明友善、诚信和谐。

孟子对孔子思想有继承也有创造。孔子说人性相近，孟子说人性为善；孔子讲仁，孟子重义；孔子讲人心，孟子重仁政。性善之说、义利之辨、王霸之争、养气之论都是孔子所未言，"五经"所不载，是孟子对儒家学说具有开拓性的理论创新。

孟子曾说："圣人复起，不易吾言。"（《孟子·滕文公下》）孟子毕生"为往圣继绝学、为万世开太平"的求索和努力，既成为中国知识分子自我修养的指路明灯和中华民族千年秉承的民族气质，同时，也逐渐凝练成为孟氏家族无形的家规、家训和家风。一代代孟氏后裔们，无论在怎样的时代变迁中，也无论在怎样的生存环境下，时刻铭记祖先的思想训诲，为孟氏家族崇德重教、弘扬儒道的家风流传，也为中华民族连绵不辍的文化血脉传承，始终不懈地努力着。

三、「燕尝千万祀，仁义总居安」
——孟府家祭与孝礼文化继承

血缘关系的长期存续，决定了中国血缘伦理文化的昌盛。儒家文化从中国血缘伦理文化的土壤里生长出来，自然最善于体味中国祭祀文化的根柢。《礼记·祭统》有："昔者周公旦有勋劳于天下，周公既没，成王、康王追念周公之所以勋劳者，而欲尊鲁，故赐之以重祭，外祭则郊、社是也，内祭则大尝、禘是也。"这段论述表明了儒家文化继承和张扬中国传统祭祀文化的根脉统系。

孟氏家族是以弘扬儒学为己任的圣贤家族，必然重视家祭以作为普通家族尊先敬祖的表率。所以，家祭活动对孟氏家族而言是具有特殊意义的。孟氏家族严格的祭祀制度，既植根于中国的祭祀文化，也反映了儒家的祭祀观，是二者的具体贯彻和体现。

孙复在《新建孟子庙记》中，详细阐述了当年兖州守孔

孟庙俯瞰

道辅寻访孟子墓并建庙以奉孟子祭祀的目的，他说：孟子为
继承和弘扬儒家思想，重塑精神家园作出了突出贡献，但后
人却疏于对孟子的祭祀和纪念。邹县是孟子故里，他在这里
任官，又素以弘扬儒学自任，理应"访其墓而表之，新其祠
而祀之，以旌其烈"。从此以后，孟氏历代宗子都以"主鬯"
的身份奉守宗庙祭祀。从现在存世不多的材料看，孟氏家族
的祭祀从祭时、祭仪到祭器、祭品，都有一整套严格的制度
和规范，而且在实践中的确得到了严格执行。

（一）祭祀次数的频繁与仪式的隆重

　　每年都要在什么时间举行家祭呢？孟氏家族祭祀基本执
行了朱熹提出的祭时设计，而且，由于孟氏家族圣贤之家的
特殊身份，政府也参与了家族家祭。这样，孟氏家族的祭祀
就分成了家祭和官祭两大类。孟广均编的清穆宗同治本《孟
子世家谱》里就记载了明代钦定的祭期和祭品规定，"祭期：
二月上丁，八月上丁，生辰忌辰，正月元旦，上元冬至日致
祭。孟母断机堂春秋中旬丁日，羊豕各一致祭。墓祭三月清
明，十月朔雨林，羊豕各一致祭"。这一段记载大致反映出
了孟氏家族林庙祭祀的复杂与完善程度。关于祭期，有每月

朔、望日（初一和十五日）小祭，每年春、秋两季丁祭（分别为仲春二月上旬逢丁日和仲秋八月上旬逢丁日）和孟子忌辰（冬至日）大祭三种。上述材料表明，孟氏家族的祭祀形式，有定期和不定期二种。定期的又分家祭和官祭两种。家祭由孟氏家族自主，届时于孟庙亚圣殿前，由宗子主持，族人陪祭。官祭由中央或地方官员承祭，中央派官员参加的叫"遣官致祭"，届时由地方官员陪祭。清高宗乾隆皇帝每次南巡、东巡，都在阙里祭孔的同时，委派官员分祭孟庙，如高宗乾隆十三年（1748）、二十一年（1756）、三十六年（1771）、四十九年（1784）和五十五年（1790）的南巡致祭；地方官员承祭一般在家祭之后，由邹县知县等地方长官发起，县学教谕等辅官陪同，全体家族成员也一同参与。除了孟庙主祭场外，断机堂、孟子墓、孟母墓、故里祠、旌忠祠和祧主祠等也都有定期祭祀，只不过这些地点的祭祀仪式比孟庙有所简化。但即便如此，粗略估算一下，除去每月朔、望日的小祭，孟氏家族的祭祀活动每年仅大、中型祭祀就不下二十多次，再加上政府不定期的"遣官致祭"，大约平均在每月两次以上。

在祭祀程序上，孟氏家族的祭祀仪式虽然因为祭祀形式不同而在繁简度上各有不同，但主要程序大同小异，一般都是由宗子主鬯担任主持者，经过前期复杂的准备，正式进行仪式阶段。主要仪式有"瘗毛血"、"迎神"和"三献礼"三个主要环节。最后，再经过"饮福受胙"和"焚帛"两个环节，仪式结束。在整个仪式执行过程中都始终伴随着乐工奏乐，所奏乐曲不同时期有所不同，明、清时期甚至是由政府钦定的。

（二）祭品的考究与祭器的完备

按照周代礼制规定，祭品按照牛、羊、豕三牲的全备程度区分为太牢和少牢两大类。牛、羊、豕三牲俱全的称"太牢"，只有羊、豕而没有牛的称"少牢"，所以《礼记·王制》有"天子社稷皆大牢，诸侯社稷皆少牢"的记述。可见，祭祀用太牢还是少牢，要视祭祀对象或祭祀者等级身份的不同而定。所以，郑玄在《仪礼·少牢馈食礼》中解释说："礼将祭祀必先择牲，系于牢而刍之。羊、豕曰少牢，诸侯之卿大夫祭宗庙之牲。"通过祭品多寡的不同来显示祭祀者等级的不同，祭祀因此成了维护家族和国家等级制度的手段，这使祭祀仪式在家族存续和国家维系中显得特别重要。孟子被封为公爵，是大夫，所以祭祀用少牢。按照这一规格，孟子林庙祭祀用羊、猪为牺牲，此外再加上黍、稷、稻、粱等粮

旧藏孟庙祭器

食，榛、菱、芡、枣、栗、菹、醢及脯、菜、酱、羹等五谷粮食酒浆之类。孟府祭品的制法极其考究，在孟衍泰编的清世宗雍正本《三迁志》中就专门罗列了孟府祭品制法的严格和考究。

祭器是盛放祭品的器具，祭器的多少也是衡量祭者虔诚态度和祭仪等级的标准之一。所以，《礼记》里专设"礼器"一篇，以"备服器"作为"仁之至"的表现。鉴于孟子在儒家及其国家政治中的特殊地位，清高宗还于乾隆十四年（1749）亲自颁定孟庙祭器，规定：献爵三只，铏一件，簠二件，簋二件，豆八件，竹笾四件，竹帛匣一件。以帝王之尊钦定孟庙祭器规制，这也反映了孟氏家族祭祀对于国家在宗法弘扬和思想统治上的重要性。

孟氏家族通过家祭，不仅维系了千年以来的家族血缘根脉，同时也以此承担起了传承和守望儒家孝文化和中国血缘伦理文化的责任。在这两者的践履中实现了家族的存续和传统文化的延续，当然也借此完成了国家稳定统治的政治使命。

四、「辨亲疏，厚伦谊」

——谱志编写与血缘存续

　　家谱、族谱是一个家族来源、生息、繁衍、迁徙、婚姻、族规、家约、家风等历史文化的全息记录。因而，谱志编写成为中国历史上维系家族血缘存续、血脉纯正与家风传承的另一个重要手段。清代程瑶田在《宗法小记·嘉定石氏重修族谱叙》中对家谱的作用有过一段精辟的论述："族谱之作也，上治祖祢，下治子孙，旁治昆弟，使散无友纪不能立宗法以统之者，而皆笔之于书。然后一披册焉，不啻伯父伯兄仲叔季弟幼子童孙群居和壹于一堂之上也。夫所谓大宗收族者，盖同姓从宗合族属，合之宗子之家序昭穆也。今乃序其昭穆，合而载之族谱中。吾故曰：族谱之作，与宗法相为表里者也。"方孝孺在《逊志斋集·重谱》中也强调："尊祖之次莫过于重谱。由百世之下，而知百世之上；居闾巷之间，而尽同宇之内。察统系之异同，辨传承之久近，叙戚疏，定尊卑，收涣散，敦亲睦，非有谱焉以列之，不可也。故君子重之，不修谱者，谓之不孝。"可见，通过血缘的记述与认同，家谱在强化血缘宗法、维系家族家风方面的确发挥着重要作用。

我国家谱的出现基本上是与血缘家族的出现相始终的，最早从《世本》中的帝王谱、大夫谱而渐次普及到民间普通家族的家谱。特别是在魏晋南北朝时期，门阀制度的昌盛刺激了家谱的兴盛，家谱成了确认世族门第、婚姻与仕宦的主要依据，所谓"有司选举，必稽谱籍，而考其真伪"，"官之选举，必由于簿状，家之婚姻，必由于谱系"。唐宋以后，随着家族制度的整饬和重兴，在家谱的内容和体例臻于完备的同时，家谱撰写也进一步普及到民间。而且，自明代以后，出现了家谱吸收正史、方志的编撰特点，向着史、志化发展的新趋向。孟氏家族既有家谱又有家志的现象，就是明代以后家族谱、志双轨并行的具体体现。

因为孟氏家族是不同于民间普通家族的圣贤家族，这一特殊身份，使孟氏家谱的修撰与普通家族相比多了一层政治色彩。除了"详世系、辨亲疏、厚伦谊"，表彰懿行，彰善瘅恶，维系家族血缘和风习外，还要"严冒窜"，严防外姓族人窜入本族，导致本族血统和谱系的紊乱。特别是，因为孟氏家族作为圣贤家族享受政府免赋役特权，因而很多非孟

氏大宗家族试图通过冒充孟氏家族来分享优免特权。在这种
情况下，孟氏家谱的编写，在修撰过程和内容的考量上都格
外严格。

（一）孟氏家谱

孟氏家谱修撰起步比较早，最早的应该不晚于魏晋时
期。但是由于战乱和动荡，早期修的家谱都已经失传。其中
的种种曲折，孟广均编的清穆宗同治本《孟子世家谱·世
谱考》有比较详细的记述："考我孟氏之有家乘也，由来久
矣。魏晋以降，代罹兵燹。宋景祐间，四十五代中兴祖得遗
谱于故宅古壁中，虫蚀风剥，残缺殆半。幸自二世祖以下嫡
裔奉祀之人世次井然，无紊无阙。修辑成编，以贻将来。至
金大定间，四十八代润公重修之。元至元间，五十一代祗祖
公续修之。前明正德六年，五十二代惟恭公、五十七代博士
元公，又以历代世系刻石立之家庙。至万历间，六十代承相
公又复踵遗谱而增续之，而吾民之族姓益显矣！天启壬戌，
妖贼介乱，宗族逃窜流离散寄四方。六十二代闻钲公恐其久
而湮也，协同族众捐赀纂修刊板刷印散发各户，其砥柱宗门
功诚伟矣！洎我朝主录熙五十九年宗子衍泰公，恭逢升平之

世，远搜兵烬之余，确微详考编次成书，颇称完善。但其时族丁零落，故仍循遗谱旧规，合派通叙，至有或宜增易之处，以俟后人。讵先太宗主傅樘公承袭，复以修葺林庙未遑增修。先宗主继烺公，承先人未竟之志，谨于道光四年甲申之吉，遴选族众中通材硕彦，权其财赀所入，开馆续编。爰自五十五代有传之支，分派以十一，别户以二十，釐正考订，分叙合辑，亦既精确详明矣！"自孟宁重续家谱后，历代孟氏后裔把家谱修撰视为家族存续的重要一环，孟氏家谱因而得以从宋神宗元丰七年（1048）到清穆宗同治四年（1865），上下八百年传承不辍，且形成了纸谱和碑谱两大家谱系列。见于记载的纸谱与碑谱各有近十种，其中碑谱因为不易损毁大多保存至今，而纸谱因为保存难度较大，再加上新谱修成旧谱销毁的传统惯例，至今只有孟继烺的道光谱和孟广均的同治谱两种存世，不能不说这是很遗憾的事。

孟继烺编的《孟子世家谱》成书于清宣宗道光四年（1824），简称《道光谱》，共六册十四卷。卷首有主修者孟继烺及孟宁、孟润、孟衍泰的序，其下依次是职名、凡例、目录（附字数）、修谱事宜、姓源、捐资数目、支销、领谱数目、世谱考、宗派总论、分派分户图、嫡裔考、嫡裔相承图等目。最后是正文，记录自战国孟子迄于清道光年间，孟氏后裔各支派的生平事迹。

清道光《孟子世家谱》

孟广均编的《孟子世家谱》是道光谱的续修本，于清穆宗同治四年（1865）修成，简称《同治谱》，共六册十五卷。卷首是主修者七十代翰博孟广均的新序和孟宁、孟润、孟承相、孟衍泰、孟继烺等的旧序，其下依次是世谱戒词、修谱职名、凡例、修谱事宜、开馆仪注、修谱誓词、谱成告祭仪式、领谱数目、姓源、世谱考、恩例等目。最后是正文，自战国迄于清同治，孟氏后裔支派的生平事迹，整体编排次序和内容与道光谱大致相同。

从两种传世家谱的卷首记载看，孟氏家谱修撰组织极为严密。

首先，由主修者通告孟氏族众开馆日期，并交纳修谱费用。

其次，组成包括鉴修、司编、誊录、校阅、稽察等相关的组织机构，组织协调家谱的撰修工作并告祭宗庙开馆。谱成后告祭宗庙闭馆领谱。除此之外，孟氏家谱修谱规范也极其严格，包括：在修谱的间隔时间上，为确保家族血缘关系的清楚、准确，除自然或人为的特殊情况外，一般遵循"三十年一小修，六十年一大修"的传统频率；在名字规则上，严格执行"为尊者讳，为亲者讳，为贤者讳"的名字避讳和行辈规则，规定：族众名字"有犯庙讳御名至圣师并四配讳者，皆敬谨改避，照科场条例以同音别字代之"，对

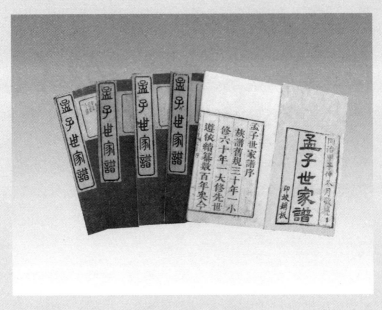

清同治《孟子世家谱》

于同一辈分子女的名字，或以伯、仲、叔、季，或以名字中某个字形、音、义的相同界定同辈，区别异辈。孟氏家族因为圣贤家族的特殊身份，家族行辈排列自明代孟子五十六代孙孟希文始，采用孔府上奏帝王所定行辈，至民国形成了与孔府共用的五十代辈分字的通谱方式，即希言公彦承，弘（宏）闻贞尚胤（衍）；兴毓传继广，昭宪庆繁祥；令德维垂佑，钦绍念显扬；建道敦安定，懋修肇懿常；裕文焕景瑞，永锡世绪昌。行辈字的排列，反映了孟府与孔府及国家政治之间的特殊关系。

再次，序文的写作也有严格规则。每次修谱必有序文，且"旧序悉附于新序之后以备考核"。

又次，家族子弟的入谱条件也作了明确规定。义子、赘婿、甥承舅嗣、侄奉姑嗣、既娶再醮妇带来之子，及出家僧道、不孝不悌、曾经犯法或流人下贱厮役之人，一概不许入谱。相反，"载于郡县志乘……矢志抚孤，节操炳著，继承宗祧"的节烈女可破例入谱，以示表彰。

最后，关于家谱修撰数量以及领谱人员和家谱保存与销毁，也都有严格规定。如道光谱共印六十三部，规定告庙、宗府存查、族长交代、举事交代各一部。二十户户头、户举交代谱二十部，谱馆执事人员三十九部；同治谱共印四十五部"告庙一部，宗府存查一部，族长举事前后交代各一部，二十户每户头前后交代各一部"。并规定：族长户头领谱后要严格保管，并"以每年清明及十月初一日族众赴两林祭扫之便携谱呈验"，以避免因家谱保存不善而致损坏，严格杜绝家谱私售失遗。家谱领新后要一律销旧（这是孟氏家谱很少留传下来的重要原因之一），对于"狗一时情面或贪一已营私"而违反修谱和领谱规定的，都将给予严惩。内容详见孟广均编的清穆宗同治本《孟子世家谱》卷首"凡例"、"开馆仪注"和"谱成仪注"。

（二）孟氏家志

孟氏家族谱牒除了通常的家谱外，还有家志。明代以后，地方志的编写体例越来越完善。受此影响，家谱也出现了向家志扩展的倾向。孟氏家志的编写，就是家谱向家志扩展的结果。孟氏家志的编撰从明宪宗成化年间到清德宗光绪年间，在前后四百年（1482—1887）的时间内，共进行了六次大规模修撰，每次修撰都由朝廷官僚及地方名流主持，在编撰方式上则由孔颜孟三氏合志到孟氏单独成志，名称上也经历了由《三迁志》到《孟志》，又复归到《三迁志》的曲折变迁。

所幸的是，迄今这六种家志都留传了下来，其中四部是明代的：

明宪宗成化本《孔颜孟三氏志》是现存最早的一部孟氏家志，这也是孟氏家志的始创。由邹县教谕刘濬等于成化十年（1474）开始编撰，至成化十八年（1482）完稿。全书共由《三氏志总图》、《提纲》及正文六卷组成。这部《孔颜孟三氏志》虽然还不是孟氏家族的专志，但体例框架已初具史志规模，作为志书的开创之作功不可没。这部家志的原版存于北京国家图书馆，同时被四川大学古籍整理研究所编撰的《儒藏》收入。

到了明世宗嘉靖年间，又由史鹗主持编撰了孟氏家志。这是第一部孟氏单独的家志，称嘉靖本《三迁志》。全书由卷首、正文和卷尾三部分组成。作为孟氏家族的首部独立专志，它在内容体例上成为此后孟氏志书框架设计的蓝本。这部家志的原版收藏于北京首都图书馆，目前已成孤本。

第三部万历本《孟志》，是由明神宗万历进士胡继先任邹县知县时编成的。全书也是由卷首、正文和卷尾三部分组成。和以前的家志相比，这部家志有两大变化：一是名称由《三迁志》改成了《孟志》；二是在内容、体例上比以前更加完善，"二十一目"的分类与顺序安排，使全书看起来秩序井然，眉目清晰，成为以后《三迁志》各版本的成例。这部家志的原版收藏于清华大学图书馆，目前也成为孤本。

第四部天启本《三迁志》是由吕元善、吕兆祥父子于明熹宗天启七年（1627）修成的。这部《三迁志》以史鹗和胡继先本为基础，由序和正文两部分组成，为了突出孟母三迁教子的家族事迹，书名又重新恢复为《三迁志》。这部家志的原版保存在南京图书馆，四川大学古籍整理研究所编撰的《儒藏》也将这部《三迁志》收入其中。

其余两部是清代的。

雍正本《三迁志》是由孟子六十五代孙孟衍泰与王特选、仲蕴锦于康熙六十一年（1722）完成的，次年（清世宗雍正元年，即1723）正式刊印。内容由序、正文和后跋三部分组成。这部家志在体例上大多仿照万历本《孟志》，不过在内容上有不少变化，比如增加了图像和清初史事等。这部家志现存的版本比较多，现在知道的有台湾孟氏宗亲会1983年影印本，齐鲁书社1997年影印本。另外，这部《三迁志》也被四川大学古籍整理研究所编撰的《儒藏》收入。

另一部是光绪本《重纂三迁志》。这部家志的修撰过程比较曲折，先是由孟子七十代孙世袭翰林院五经博士孟广均于道光十五年（1835）约请邹县举人马星翼开始修撰，之后又经陈锦、孙葆田、柯劭忞等于光绪五年（1879）修正，到光绪十三年（1887）终于正式付梓刊印。全书也是由序、卷

清雍正《三迁志》

清光绪《重纂三迁志》

首、正文三部分组成，体例虽减为十二目，但内容涵盖更广了，而且因为这部书在编撰过程中受到清代朴学严谨文风的影响，资料特别丰富，考证也非常精审。这部家志目前存世的版本也不少，常见的有苗枫林主编的《孔子文化大全》本和四川大学古籍整理研究所编的《儒藏》本。

孟氏直系大宗的家谱、家志历经沧桑幸存下来的已属不多，但与一般家族相比，在数量上仍不算少。通过谱志编写与流传，在辨亲疏、厚伦谊中实现了孟氏族人对血缘亲族的追怀，强化了族人共同的血缘归宿感，对于传承孟氏血缘与家风起到了有效的纽带式作用。

五、「母教一人」

——孟母教子与母教典范

在孟庙启圣殿后侧，有一座专门供奉孟子母亲灵位的殿堂，称孟母殿。在孟母殿的右前方有一块非常特别的石碑，石碑上只刻写着四个大字："母教一人"。碑的落款显示，碑文是由"文登毕庶澄"于 1925 年题写的。碑文虽然只有四个字，却意义非凡，它显示了孟母教子在孟氏家族家风流传中的重要地位，甚至体现了孟母教子在中国母教文化和中国家教史上的重要意义。要理解透彻孟母教子的地位和意义，我们要先了解一下孟母教子的故事。

（一）孟母教子的故事

孟母教子的故事一共有五则，记载在汉代韩婴的《韩诗

孟庙孟母殿前的"母教一人"碑

外传》和刘向的《列女传》中。其中除了"断织喻学"和"出妻之教"两部书都有记载外，其余故事两部书各有取舍，"买豚示信"只记载在《韩诗外传》里，而"三迁之教"和"拥楫之叹"又仅出现在《列女传》中。

韩婴是西汉初期汉文帝时期的儒学博士，主要研究《诗经》和《周易》，汉景帝时期他又当了长沙王刘舜的老师（当时叫"太傅"）。他写《韩诗外传》的目的主要是援引《诗经》中的句子以论证他对现实事务的见解和观点，即所谓的"引《诗》以明事"，以期望对统治者治国理政有所帮助。书中也杂引了孟子、荀子、韩非子的一些言论和故事，主要是强调隆礼重法，主张尊士养民。据史学界专家称，其中叙述的历史故事大多是有依据的，所以，有许多被后来刘向编《说苑》、《新序》、《列女传》等书的时候所采用。可见，刘向《列女传》中孟母教子的故事很可能也是来源于韩婴的《韩诗外传》。

刘向是汉皇族宗室，是汉高祖刘邦同父异母弟弟楚元王刘交的四世孙。他生活的汉宣、元、成帝时期，已经是西汉中后期了。宣、元时期，外戚、宦官开始专权，朝廷一片乌烟瘴气。尤其是成帝，他的贪恋女色在历史上是有名的。除了广选民女充斥后宫外，还不断微服出行，寻访女色。特别是把能歌善舞、靓丽清纯的赵飞燕、赵合德姐妹招入宫中，

邹城铁山公园的"孟母教子"雕塑

夜夜笙歌，酒色乱政。面对这样的局面，作为皇室宗亲的刘向焦虑之余决定以古为鉴，讽谏政治。于是，收集了古代列女"善恶所以致兴亡者，以戒天子"，希望能借此劝诫天子远离女色、勤勉理政，以保江山社稷永固。同时，也通过这些正面和反面的女性典型，树立女性道德楷模，教化后妃百姓。孟母教子的故事，就是他从《韩诗外传》等书中搜集抄录集合整理，以便用来作为天下母亲勤勉教子的典型的。

1. 孟母三迁

"昔孟母，择邻处"，孟母三迁教子的故事，随着《三字经》的广传民间而家喻户晓。在文献上，"三迁择邻"的故事最早出现在汉代刘向的《列女传·母仪传》里，原文是："邹孟轲之母也，号孟母。其舍近墓。孟子之少也，嬉游为墓间事，踊跃筑埋。孟母曰：'此非吾所以居处子。'乃去。舍市傍。其嬉戏为贾人衒卖之事。孟母又曰：'此非吾所以居处子也。'复徙，舍学宫之旁。其嬉游乃设俎豆揖让进退。孟母曰：'真可以居吾子矣。'遂居。及孟子长，学六艺，卒成大儒之名。君子谓孟母善以渐化。"先是，居住在坟墓旁的孟子热衷于模仿埋葬死人的仪式。孟母不喜幼小的孟子学做葬埋之事，就把家迁到集市旁，孟子又模仿集市叫卖。在士农工商、以士为上的时代，孟母一心想培养孟子成为有思想、有知识的士人。于是，又将家从闹市搬到学校旁。住址一迁再迁，年幼的孟子也随着居住环境的变迁而由学做"墓间筑埋"到学做"市场叫卖"，再到学习"揖让进退，治国理政"。

三迁之教，反映了孟母对环境影响的重视。《墨子·所染》有一句话说："染于苍则苍，染于黄则黄。所入者变，其色亦变……故染不可不慎也。非独染丝然也，国亦有染。"这句话的意思是：每个人都生活在一定的环境中，因此，受环境的影响是肯定的。而对于人生观世界观还没有成型，却又特别善于模仿的幼儿来说，环境的影响尤为巨大。孔子的"里仁为美，择不处仁"（《论语·里仁》）说的也是这个意思。墨子由染丝联想到了人染和国染。其实，国染始于人染。

现代生物学和心理学告诉我们，人类与周围的自然和社会环境共处于一个系统之中。所以，人不可避免地会受到周围环境的影响。这种影响源于人与生俱来的模仿力。而与成人相比，儿童的模仿能力更强。并且，这种模仿能力又往往是在一种无意识选择下完成的。所谓无意识选择，就是指儿童在还不具备一定的旨趣意志倾向和判断是非好恶能力的情况下，对与自己生活最切近的周围环境毫无选择性地任意模仿。所以，环境虽然对每一个人都会不同程度地产生影响，但对儿童的影响更大。儿童往往是在缺乏主观选择的情况下，对周围环境信息无选择性地原样复制。儿童就在对周围环境的复制式模仿中长大，并按照模仿对象的原始样本逐渐塑造并形成自己的思维方式、性格特征和行为习惯。正因为儿童无选择性却又特别强的模仿力，所以，环境对儿童的成长至为重要。在生活中，父母或许无力于改变社会环境，但却可以尽己所能地选择环境，孟母三迁就是在这方面作出的努力。当然，在真实生活中为了为孩子选择成长环境而屡迁住址也并不现实。这则故事的实际意义在于：提醒做父母的，重视儿童的成长环境。另外，当大的社会环境不可改变或者无法选择的时候，是否可以尽己所能地营造一个良好的家庭环境呢？

孟母重视环境，三迁择邻，不仅促成了孟子的"学六艺，卒成大儒之名"，对孟子重视成长环境的认识和思想也产生了很大影响。在《孟子》七篇中，就多次强调后天环境和教育的重要。比如《孟子·告子上》："虽有天下易生之物也，一日暴之，十日寒之，未有能生者也。吾见亦罕矣。吾退而寒之者至矣，吾如有萌焉，何哉！""牛山之木尝美矣，以其郊于大国也，斧斤伐之，可以为美乎！是其日夜之所息，雨露之所润，非无萌蘖之生焉，牛羊又从而牧之，是以若彼濯濯也。人见其濯濯也，以为未尝有材焉，此岂山之性也哉!"孟子的这些重视环境影响的思想认识,不能不说源于孟母重视环境的启蒙教育。

2.断织喻学

"断织喻学"的故事,在韩婴的《韩诗外传》卷九和刘向的《列女传·母仪传》中都有记载。其中《韩诗外传》卷九是这样记载的:"孟子少时,诵。其母方织。孟子辍然中止,乃复进。其母知其谊也。呼而问之曰:'何为中止?'对曰:'有所失,复得。'其母引刀裂其织,以此诫之。自是之后,孟子不复谊矣。"刘向《列女传》的记载,在内容上与《韩诗外传》大致类同,只不过因为它出现得稍晚,所以内容上稍详细一些,原文是:"孟子之少也,既学而归,孟母方绩。问曰:'学所至矣?'孟子曰:'自若也。'孟母以刀断其织。孟子惧而问其故。孟母曰:'子之废学,若吾断斯织也。夫君子学以立名,问则广知。是以居则安宁,动则远害。今而废之,是不免于厮役,而无以离于祸患也。何以异于织绩而食,中道废而不为,宁能衣其夫子,而长不乏粮食哉?女则废其所食,男则堕于修德,不为窃盗则为虏役矣。'孟子惧,且夕勤学不息,师事子思,遂成天下名儒。君子谓:孟母知为人母之道矣。"两个故事的大体梗概相似:一次,孟子读书中道而辍，正在织布的孟母很生气，挥刀割断了辛苦织就的布，以教育孟子贵在有恒，不可半途而废。孟子受到教育，就此自戒，"遂成天下名儒"。

从生理学角度看，儿童兴趣易成，然而持久性较差。但一个人是否具有持之以恒的精神事关这个人是否事业有成。一个人事业成功需要德才兼备，而现实中德才兼备的人其实并不少，但为什么成功的人却如此凤毛麟角呢？原因很简单，在主客观条件基本相同的情况下，决定成功的根本要素恐怕就是这种持之以恒的精神和毅力了。越是大的成功越不可能始终一帆风顺，必经过艰难磨砺。就如同要见晨曦必经子夜的黑暗一样，就像孟子所说的："天将降大任于斯人也，必先苦其心志，劳其筋骨，饿其体肤。"（《孟子·告子下》）事情往往是在成功的前夜是最困难的，因此，只有那些坚持不懈、百折不挠的顽强斗士才能迎来最后的胜利。所以，从这一方面看，培养孩子从小养成坚忍不拔的精神和毅力，是孩子将来是否成功的关键。所以，孟母不惜以断织为代价，用严厉的手段培养孟子的这一品质。后来，孟子在艰难的列国游历中，屡蹶屡奋，不言放弃，在与各国国君和各派名士的辩论中终于形成了越来越清晰完善的思想体系，最终成就儒家后继者的身份和地位，这与孟子从小接受的这种持之以恒的精神毅力培养是分不开的。

3. 买豚示信

"买豚之教"记载在韩婴的《韩诗外传》卷九中，原文为："孟子少时，东家杀豚。孟子问其母曰：'东家杀豚何为?'母曰：'欲啖汝。'其母自悔而言曰：'吾怀妊是子，席不正不坐，割不正不食，胎教之也。今汝有知而欺之，是教之不信也。'乃买东家豚肉以食之，明不欺也。"这个故事说的是，一次，年幼的孟子问母亲："邻家杀猪干什么?"孟母随口回答："给你吃。"话一出口，孟母就为自己的信口开河后悔了。因为依当时孟子家窘迫的经济情况是不舍得买肉的，但现在有口无心的一句回答如果不兑现，就会为孩子树立一个言而无信的榜样。为了表明言而有信，孟母狠了狠心真的到邻家把肉买了回来。

"买豚示信"的故事，反映了孟母切己省察、诚实守信的教子理念。诚信不欺，一直是儒家文化的重要内容，孔子在《论语》中就一再强调，"人而无信，不知其可"（《论语·为政》）、"信以诚之，君子哉"（《论语·卫灵公》）。子思的《中庸》也说，"君子诚之为贵"。身处邹鲁之地，受儒学文化熏陶的孟母，自然深谙诚信为人的重要。从效果上看，孟母秉承儒学诚信思想的教育理念，直接影响了孟子的思想，促成了孟子对讲求诚信、返身自省的道德人格的追慕和践履。所以，《孟子·离娄下》说："诚者，天之道也；思诚者，人之道也。"孟子把讲求诚信上升到了自然规律的高度，把它作为人处世的最高法则。它也成了汉儒"仁义礼智信""五常"体系的重要组成部分。后来，司马光在《资治通鉴·周纪二》中又把它提炼成为治国理政的政治法则："夫信者，人君之大宝也。国保于民，民保于信。非信无以使民，非民无以守国。是故古之王者不欺四海，霸者不欺四邻，善为国者不欺其民，善为家者不欺其亲。……上不信下，下不信上，上下离心，以至于败。"

人类生存发展需要道德的维系，而诚信是发源于人类本心的道德诉求。儒家洞彻并立足于这一点，目的在于通过切己省察、诚实守信，提升个人道德境界，并由此最终达至整个社会的文明。

4. 出妻之教

"出妻之教"同时记载在韩婴的《韩诗外传》和刘向的《列女传·母仪传》中。《韩诗外传》的原文是："孟子妻独居，踞。孟子入户视之，白其母曰：'妇无礼，请去之。'母曰：'何也?'曰：'踞。'其母曰：'何知之?'曰：'我亲见之。'母曰：'乃汝无礼也，非妇无礼。《礼》不云乎："将入门，（问孰存）；将上堂，声必扬；将入户，视必下，掩人不备也。'

今汝往燕私之处，入户不有声，令人踞而视之，是汝之无礼也，非妇无礼也。'于是孟子自责，不敢去妇。"《列女传》的记载来源于《韩诗外传》，因而情节叙述基本类同。"出妻之教"是孟母引导孟子正确处理家庭关系的一则故事，故事的大概是：有一天，孟子妻独居于家，很随便地踞坐于地，孟子入室，见妻踞坐，转身出来对母亲说：媳妇不遵从跪坐礼仪，向您请示一下我要休了她。孟母问清缘由后，引用了《周礼》"将上堂，声必扬"的礼仪规范，批评了孟子的无礼，制止了孟子休妻。在古代男尊女卑的社会中，女子在婚姻上处于被动地位。这是孟子以妻子踞坐而求出妻的社会背景。按照古代礼仪，在正规场合的坐姿应该是膝盖着地的"跪坐"，臀部着地的"踞坐"（又称为"箕"）被视为不雅和无礼的表现。因而，《礼记·曲礼上》有"坐毋箕"的规诫。但是，古代礼制也同样规定，"跪坐"是在正规场合中的人际礼仪，私人独处并不包含在内。孟母对孟子的批评，体现了孟母在礼仪要求上基于人情的豁达，这在夫权的冷酷中，让人感受到了一种母性的慈爱和人性的温暖。

5. 拥楹而叹

"拥楹之教"只记载在刘向的《列女传》中，原文是："孟子处齐而有忧色，孟母见之曰：'子若有忧色，何也?'孟子曰：'不敢。'异日闲居，拥楹而叹。孟母见之曰：'向见子有忧色，曰："不也。"今拥楹而叹，何也?'孟子对曰：'轲闻之，君子称身而就位，不为苟得而受赏，不贪荣禄。诸侯不听则不达其土，听而不用则不践其朝。今道不用于齐，愿行而母老，是以忧也。'孟母曰：'夫妇人之礼，精五饭、幂酒浆、养舅姑、缝衣裳而已矣。故有闺内之修而无境外之志。《易》曰："在中馈，无攸遂。"《诗》曰："无非无仪，惟酒食是议。"以言妇人无擅制之义，而有三从之道也。故年少则从乎父母，出嫁则从乎夫，夫死则从乎子，礼也。今子成人也，而我老矣。子行乎子义，吾行乎吾礼。'君子谓：孟母知妇道。"故事的大概是：孟子在齐国游历时，看到在齐国实现王道之政无望。失望之余，希望到其他国家继续实践他的仁政理想，但看到母亲年高体弱，不便跟随自己长途跋涉、鞍马劳顿，又不忍心撇下母亲独自远走他乡，犹豫纠结之间不由得依柱叹息。孟母发现后，援《诗》引《易》，鼓励孟子：大丈夫要立意高远，志在千里，不必顾虑太多，只要拿定主意，便可以义无反顾地前行。

"拥楹之教"是孟母对孟子的入世之教。孩子长大了，要走向社会。这个时候往往会面临一个两难选择：是待在父母身边方便孝敬照顾父母呢？还是志在四方，不考虑与父母相隔远近，以是否更有利于社会工作为主呢？以往，每每涉及子女在孝亲与事业之间的矛盾处理的时候，有人常常会援引孔子"父母在，不远游"（《论语·里仁》）来作为子女为家庭亲情而舍弃事业的理由，或者作为批评儒家顾小家不顾大家的理由。的确，儒家思想以孝亲为根本，倡导孝亲的重要，这其实也是合乎人之常情的，因为很难想象一个不爱家庭和亲人的人能爱他人。像春秋时期齐桓公的大臣易牙那样，将自己的亲生儿子蒸了给齐桓公吃，这样违背亲情的所谓"爱人"，他的动机一定是值得怀疑的。事实上，在面对孝亲与治国不能两全的矛盾时，孔子还是选择了后者，而以"游必有方"加以折中。由此形成了儒家以亲情为基础而强调"士志于道，而耻恶衣恶食"（《论语·里仁》）的人生信念，孟子"穷则独善其身，达则兼善天下"强调的正是士人的这种社会责任。由此树立了儒家重视价值实现，致力内圣外王、修齐治平，以天下为己任，为天地立心、为生民立命的个人价值追求和社会使命感。"拥楹而教"，正是孟母对儒家这一人生理念和价值追求的实践贯彻，不仅成就了孟子一生为实现王道政治而不懈追求的人生理想，也成为千千万万个中国母亲教子志存高远、积极入世、奋发成才，以事业有成体现爱国爱家的母教典范。

　　蒋伯潜在《诸子通考·诸子人物考·孟子》中曾说过：

"《易》云：'蒙以养正'，谚云'教儿婴孩'，盖母教之影响于子女者大矣。"励志勉学，悉心教子的孟母，不仅为孟氏家族重视家教的家风提供了典范，也成为中国母教文化的典范。

（二）孟母教子教什么

上述《韩诗外传》和《列女传》二书所记载的孟母教子的故事曾经遭到很多学者的质疑。的确，孟母教子的内容几乎涉及孩子一生的生活、事业和为人处世的全部。孟母即便很有教育素养，但如此全面的教子内容都集中在她一个人身上可能吗？联想到我国古代习惯于把不同人的发明集中到一个人身上的传说（如把农业、医药的发明集中到神农氏的身上，把车船、衣服、养蚕、历法、造酒的功劳都集中到皇帝的头上），这些故事的真实性也就越发让人生疑。但对这个问题的认识，清代史学家崔述的一句话很有启发性，他说："三迁的故事可能会有，但不一定必是孟母"。所以，我们大可以转换一下看问题的角度，那就是：把孟母看作所有中国母亲的象征符号，把孟母教子看作是中国所有优秀母亲教子成人成才的一个典型象征。把孟母所教，看作是千万中国母亲和中国家庭的成才教育。如此一来，我们对"孟母教子"的认识也就释疑了：孟母就是中国所有优秀母亲的象征，孟母教子就是中国所有优秀母亲教子的象征和典范。

正如清末潍县学者孙葆田在《孟志编略》中所说的："汉人所传三迁之说，其事有无不可知，然亦足见自古圣贤之成其来有自。"孟母教子的故事，正是千百年来我国众多善良、伟大的母亲教育子女成人成才的集中体现。中国千万母亲高尚的人格、开阔的胸襟和爱国敬业、克勤克俭、吃苦耐劳的奉献精神和优良品质，就是通过这般润物无声、潜移默化的教育和熏陶，深入到每一个中国儿女的灵魂深处，塑造着他们的思想观念和行为方式。母教子，子再教子，这样一代代接力式地传递下去，成为中国千年传承不辍的家族风、民族魂。

从上面的故事我们可以看到，孟母教子的故事在内容上包括了幼儿习惯培养、毅力培育、品格教育、家庭关系处理、社会责任引导等个人生活的全面教育，这几乎囊括了中国母教文化中教子内容的全部。但是，若把这些内容统括起来看，基本上还是围绕着崇德与勉学这两个核心内容。而在这两个核心内容中，最重视的又是前者，即对子女的道德培育和品格锤炼。"买豚"、"断机"、"出妻"、"拥楹"，事实上涉及的都是诚实守信、恒心毅力、宽容练达、人格平等、理想抱负、社会责任、担当意识等有关人的高尚道德与品格方面的培养和教育。

通常看，德与才是一个人成功立足社会、奉献社会的两个前提，"德"是立足社会的根基，"才"是奉献社会的资本。而在两者之中，首先是德，不会做人又遑论做事？所以，德才兼备，以德为本是中国传统千年不变的教育理念。孔子告诫弟子："入则孝，出则弟；谨而信，泛爱众而亲仁；行有余力，则以学文"（《论语·学而》），反映的正是这个教育理念。在中国历史上，由孟母重德教育的涓涓细流，汇成了一条包括田稷返金、陶母退鱼、岳母刺字在内的悠久而丰厚的家教文化长河。由于正确的人生观、世界观的树立，造就了中国历史上众多的勤俭尚善、见利思义、廉洁奉公的志士仁人。

紧随"德"之后的是才学与智慧，一个人只有具备了知识与智慧才有能力为社会进步作出贡献。正像孔子《论语》中所说的，学而优才能仕。入仕，也就是从事社会管理，需要和一个个具有不同阅历、不同性格、不同素养的鲜活的而且是不断变化着的人打交道，是全天下最复杂高深的一门学问，需要拥有最全面、最高超的技巧和才能。而在儒家看来，从事社会管理，即治国平天下，是修身齐家的最终目的和理想归宿。铁肩担道义、为天下开太平，需要德与才兼备才能实现，所以"勉学"成为继德性教育之后母教的另一个重要内容。孟母三迁择邻、断机教子，都体现了对知识和才能的倍加重视。历史上，像清河房爱亲妻崔氏"历览书传"、"亲授经义",欧(阳修)母芦荻画地教子学字,也都是通过磨砺意志、勉励学习来教育孩子增长知识才干的教子故事。这些故事像浩瀚历史星空中闪烁的繁星,不断照耀和指引着后人前行。

(三) 孟母教子怎么教

垂范和化育是孟母教子的主要方式。

"言传身教"概括了教育的两种主要方式。但在两者之中,身教比言传更重要,尤其对于儿童和家庭教育而言。

教育心理学告诉我们,儿童向外界学习的主要途径不是语言说教,而是行为模仿。王东华在他的《发现母亲》一书中用了一个形象的比喻,他说:"面对母亲,孩子的目光就像永不停息地雷达一样,全天候地注视、跟踪着。他将母亲行为完整地复制下来,成为自我塑造的资料库。"母亲的一言一行,都随时被孩子的目光捕捉到并"复制"下来,这些都成为孩子未来一生行为的"资料库","资料库"里的所有资料都成为孩子人生旅程中为人处世不断参考的资料和依据。儿童善于模仿的特点,决定了母教最有效的教育方式是垂范与化育。因为,无论是母教重在意志品德的教育内容,还是垂范式的教育途径，都要依靠母亲在性格与行为方面长期的熏陶和培育，靠榜样力量的长期浸润才能完成。通过母亲一言一行的影响，在春风化雨、润物无声中，使子女领悟做人为学的道理并自觉践行。孟母的买豚示信和隋代郑善果母亲的纺绩不辍，都是中国母教文化中垂范式教育的典范。有人也叫这种春风化雨式的垂范式教育为"潜教育"，它和口头说教式的"显教育"是相对的。对于理论领悟力差而行为模仿力强的儿童而言，这种家长以身作则式的垂范和化育最奏效。而且从长期效果上看，这种教育方式往往决定孩子一生的思维和行为方式。这种思维和行为方式一旦养成，会由此决定孩子一生的命运。所以，社会上有一种说法：种下去的是教育，收获的是行为；种下去的是行为，收获的是习惯；种下去的是习惯，收获的是性格；种下去的是性格，收获的是命运。一句话，孩子一生有什么样的命运，在很大程度上取决于家长的教育。

垂范和化育式的母教方式，为母亲的自省能力提出了很高的要求。从情理上讲，母亲也是人而不是神，在孩子"全天候"的注视下不可能时时事事保持言行的正确。所以，孟母回答孟子邻家杀豚的信口开河也是情理之中的事。既然一个人，很难在日常生活中时刻保持言行的正确无误，那么，运用自我反省能力及时纠正错误就显得格外重要了，尤其对于一个母亲而言。靠着母亲的自我反省能力，常常检省自己的言行，及时地纠正自身言行和在子女教育上的失误和错误，才能在孩子面前长久地保持良好的楷模形象。孟母买豚的举动正是这样的一种及时自省和自我纠正。正因为如此，儒家从一开始就特别强调人的自省能力的重要，孔子的弟子曾子的"吾日三省吾身"（《论语·学而》）就是对每一个人及时自省的强调。而正是儒家自省的理论强调和孟母自省的行为熏陶，教育、影响和强化了孟子重视自省的思维习惯，这一思维习惯在《孟子》七篇中的"五十步笑百步"（《孟子·梁惠王上》），"人必自侮，然后人侮之，家必自毁而后人毁之，国必自伐而后人伐之"（《孟子·离娄上》），"行有不得者皆反求诸己"（《孟子·离娄上》）的论述中都清晰地反映出来。

孟母教子，不仅成为孟氏家族家风的一个重要体现，也作为中国母教文化长河中的一朵耀眼的浪花，历史上在官方和民间的不断推崇和倡导下，不断丰富着中国母教文化的内容，引导着中国母教文化的走向。

（四）孟母教子给我们怎样的启示

中国母教文化可以称得上源远流长，如果一定要追寻一下中国从什么时候开始有了母教的话，那恐怕要向上追到三千年前的周代了。

周代统治了接近八百年，统治时间之长在中国历史上任何一个朝代都无出其右，算一算以后的封建王朝中，像汉、唐、两宋、明、清这些统治年代比较长的朝代，最多也不过三四百年之久。而且，周代还是中国历史上建章立制的第一个文化高峰期，所以孔子说"宪章文武"，要以周代的文化规章建置为表率。

周代在中国历史上之所以如此长久地辉煌灿烂，周代的开创者、建立者周文王和周武王当然功不可没。那再深追一下的话，是不是可以归功于周文王的父亲王季、周文王和周武王三代人都受到了良好的母教，因而才成就了这三人的胸怀素养、文韬武略呢？在刘向的《列女传》里，记载了王季的母亲太姜、文王的母亲太妊和武王的母亲太姒三母教子的故事。说太姜"贞顺率导"，"广于德教"；太妊更是从怀孕时就开始了"目不视恶色，耳不听淫声，口不出敖言"的胎教；太姒生子十人，也都"严于教化"。是不是可以这么说：三位母亲的教导，塑造了周代三位奠基者的道德才化和文化教养，从而开创了周代八百年国基？所谓"三代造就贵族"，是不是就是这个意思？

从周代三母教子开始，其后有鲁季敬姜、孟母、齐田稷母，两汉的叔孙敖母、隽不疑母，三国的徐庶母，晋代的陶侃母，隋代的郑善果母，两宋的苏（轼）母、欧（阳修）母和岳（飞）母等等，形成了中国一脉相承的母教文化。

这里有个问题，中国三千年的母教历史，出现了那么多的母教典型，为什么独有孟母堪称"母教一人"呢？这当然首先与孟母教育的儿子成就了孟子这个"亚圣"有关。但我想，其中含义恐怕不止于此。当我们系统地考察一下三千年的母教历史，会发现一个有趣的现象，那就是：在中国众多的母教典型中，越是到封建社会后期，在教子内容上越呈现出单一化趋向，即教育内容越来越向着单一的廉洁奉公、忠君爱国方向集中，比如三国徐（庶）母、晋代陶（侃）母和宋代岳（飞）母。和他们相比，孟母教子的内容不仅十分宽泛，而且大多是教孩子做一个品质高尚的"普通"的社会人：从横向上看，包括一个人的生活、学习、家庭、事业的全部内容，特别是涉及幼儿毅力、品德培养，成年家庭关系处理和人生事业追求等个人成长过程中的许多重大关节点；从纵向上看，包含一个人成长过程中从幼儿到成年的整个过程，这正体现了以"孟母教子"为代表的我国早期母教的自然化和人性化特征。

为什么会出现这种现象呢？记得美国政治哲学家和伦理学家罗尔斯在他的《政治自由主义》这本书中曾说过：古代

人关心的中心问题是善的学说，现代人关心的中心问题则是政治主义。这句话隐含的意思是什么呢？无论东方还是西方，人们关注的焦点发生了一个从人生伦理向社会政治的转移。古代的人们（西方以古希腊为代表，东方以周代后期的春秋战国为中心）最关心的是如何引人向善，理性追求人的一生的真实幸福，但后来就从这个原发性、理论性的宽泛的追寻天地人心，越来越局限于后发性、现实性的狭隘的应合政治。这个转变的时期，罗尔斯说西方从中世纪的宗教改革开始，那中国从什么时候开始的呢？我想应该是从秦汉专制集权建立开始。考察一下中国文化的变迁，中国文化的两大主干儒家和道家的政治化趋向都是在战国后期到秦汉这一时间段开始的：儒家从孔、孟到董仲舒，道家从老、庄到黄老道家分别完成了这一政治化转向。

孟母教子，正是这一政治化转向发生前夜的一种早期文化现象遗留。所以，孟母教子关注的还是广泛的人性人伦、人生成长，而到了汉代以后，徐母、陶母之类的教子内容，就把这些人生的本真问题都过滤掉了，只剩下了狭隘的政治。仿佛一个人活着就是为了政治一途，而一个母亲对孩子唯一的正确引导也只是围绕政治、趋附政治、服务政治。然而，人的一生实际上不仅仅是为政治而生的。人生内容丰富多彩，最基本的还是个人生存，由此为起点再逐步放大到如何过好家庭化、社会化的一生。所以，从这一点讲，母教内容摆脱曾经的政治狭隘重新回归到天地人心、人性人伦是不是也是中国文化的一个更高层次的回归呢？而孟母教子，是不是实现这一高层次回归的理想方向呢？从这个意义说，只有孟母教子才堪称"母教一人"是不是很有道理呢？

"母教一人"的桂冠唯有孟母可以担当，所以，自从刘向关于"孟母教子"的故事传播开以后，对孟母的赞誉褒扬也便纷至沓来。东汉女史学家班昭、晋代女文学家左芬都纷纷写诗表彰孟母教子的功绩。

文人的倡导，逐渐引起了政治层的关注。唐玄宗于天宝七年（748）将孟母列为七孝妇之一，下诏表彰并立祠祭祀。宋代以后，随着《三字经》在民间的广泛传播，孟母教子的故事更是广传民间。在这种情势下，元仁宗于延祐三年（1316）下诏正式授予孟母"邾国宣献夫人"的封号。清高宗乾隆二年（1737）改为"端范宣献夫人"。

政治层的关注、加封，对孟母在民间地位的提升起了实质性的推动作用。从唐代开始，纪念孟母的祠、庙遍地开花。在孟子故里邹城附近就有凫村亚圣祖妣祠堂、庙户营三迁祠、孟母断机堂、孟庙孟母殿、孟母林享堂等纪念故址。这些故址在岁月风霜中屡毁屡建，今日大多仍在红墙绿树的掩映中，以有形的形式彰显着无形的魅力。

孟母林享堂

　　孟母教子的故事千百年来深入民间，不仅对孟氏家族家风产生了重大影响，也深刻、广泛地影响着中国传统的家族教育和家风流传。今天，虽然家庭、时代、社会都已发生了巨大变迁，但只要血缘还存在、家庭还存在、亲情还存在，家庭教育就会以与时俱新的状态继续存在。只要家庭在历史上不被消解，家教就永远不会消解。

　　那么，从本质上看，孟母教子究竟可以给今天的我们怎样的启迪呢？

1. 家教与母教的重要性

　　家庭承担社会责任的一项最重要的功能就是家庭教育。无论社会如何变迁，父母是孩子的第一任老师这一点始终不会变。所以，苏联教育家苏霍姆林斯基在《给教师的建议》一书中强调："教育的完善，它的社会性的深化，并不意味着家庭的作用的削弱，而是意味着家庭作用的加强。"家庭，既是每一个人成长的第一课堂，也是终身课堂。

　　然而，今天的文明似乎引导我们走入了一个误区：越来越重视学校教育，忽视家庭教育。社会上没有家长学校，家长也不懂得儿童心理和家庭教育。家长们奋斗的目标是多赚钱，让孩子上最好的学校；家庭教育的核心是让孩子学好知识；有的家长干脆以"竞争激烈、工作繁忙"为借口，心安理得地把教育责任全部推卸给了学校和社会。

通常，一个人接受的教育形式有三种：家庭教育、学校教育和社会教育。在这三种教育形式中，家庭教育是其他教育形式所无法替代的，家庭教育所产生的教育效果也是其他教育形式所无法企及的。

首先，从教育的阶段性上看，家庭教育是最早、最基础的教育。每一个人从一出生，首先是在父母亲人的呵护、引导中学会走路，学会说话，学会如何做人、如何做事，在家庭的熏陶与培育中学会行为规范，形成思维习惯，养成品质性格，获得生理和心理上的双重发育，然后再羽翼丰满地走向社会。

其次，从教育内容和形式上看，真正决定孩子一生幸福快乐的，恐怕更多的是孩子的世界观、人生观和价值观及品质性格等等，而这些决定人生根本的大问题大多是在儿童时期就定型的。意大利儿童教育家蒙台梭利甚至指出：儿童出生后头三年的发展，在其程度和重要性上，超过儿童整个一生中的任何阶段。我们中国民间也有一句俗话"三岁看老"，也是表达了同样的意思。这说明孩子灵魂塑造工作更多的是在家庭中，靠着父母家长个人人格和道德境界的垂范化育，在家长与孩子的耳鬓厮磨中耳濡目染地逐渐完成。社会上所谓家长正则儿女善，家长邪则儿女恶；家长民主则儿女有平等之心；家长独断则儿女有专行之念；家长仁慈则儿女博爱，家长暴戾则儿女冷漠残忍，道理就在这里。

最后，从一个人接受教育的时间量上看，有统计者认为：一个人的一生中，几乎有三分之二的时间是生活在家庭之中的。在这一生的大部分时间中，春夏秋冬，朝朝暮暮，在家长有意无意的思维引导中和自觉不自觉的行为示范下，潜移默化地接受着来自家长所有正面和负面的信息影响。所以，从这个意义上说，家长是孩子的终身教师。家庭教育塑造了孩子的道德品质、文化品格和价值观念，而这些都从根本上决定着孩子的一生。

所以德国教育家福禄倍尔说：家庭生活在儿童生长的每一个时期，不，在人的整个一生中，是无可比拟的重要的。

在家庭教育中，父母都扮演着同样重要的角色，所以，《三字经》上也有"养不教，父之过"的说法。但从本质效果上看，在父母的教育中，母教更为重要。之所以说母教更重要，那是由母亲角色的特殊性以及母教的教育特点和教育效果决定的。

从生理学角度不难理解，家庭中，和孩子最亲近的当然是父母。然而，在子女和父母的关系中，父子关系的建立从子女出生才开始，而母亲和子女关系的建立从怀孕就开始了。另外，父母的性别差异和不同的角色定位，也在一定程度上决定了父、母对子女的情感的不同。父亲对子女的爱，掺杂了比较多的社会义务和责任。所以，父亲重在关注孩子的事业成功。父亲对子女的教育，常常表现为态度严厉冷峻；而母亲就不同了，母亲对子女的情感比较纯粹，更多从亲情出发，关心孩子生活的幸福。母亲对子女的教育，常常表现为态度温和慈善。

《诗经·魏风·陟岵》通过一个在外服兵役的士兵的回忆，形象地描述了父亲和母亲对子女的两种不同的情感倾注。诗的大意是：在外长期服役的儿子思念故乡亲人，登上高山，远望家乡，想起了父母亲临行前的嘱托。父亲嘱咐儿子说：孩子啊，你在外行军打仗，不要有丝毫懈怠啊。不要因为想家而私自跑回来啊，那样会因为破坏军纪而遭受处罚啊。而母亲的临行嘱托则是：我的小儿子啊，在外服役非常艰苦，早晚都不能好好休息呀。一定要小心照料好自己啊，为娘的盼你早日回来啊。父、母的嘱托表现出了明显的不同：父亲的关爱充斥着对儿子违背军纪国法的忧虑和提醒；而母亲的关爱则饱含着盼子速归的眷恋。这两种"爱"的不同是很明显的，毛《传》把这种区别称为"父尚义"、"母尚恩"。《左传》解说为"父义母慈"，《礼记·表记》解说为"父尊母亲"（"今父之亲子也，亲贤而下无能。母之亲子也，贤

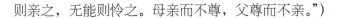

则亲之，无能则怜之。母亲而不尊，父尊而不亲。"）

　　由于父亲更注重一个人的社会角色和社会责任，因而对子女的爱常常表现为"爱才而厌无能"，对有才能、能承担更多社会责任的子女倾注更多的爱，而对庸碌无能的子女，难免会表现出恨铁不成钢的厌恶。由于母亲更多地从家庭角色定位出发，注重家庭亲情，无论子女是否有才，亲情是等同的，或亲或怜，没有程度上的差异。母亲的爱，是"亲贤而怜无能"，这种爱充满了最原始、最纯真的亲情情愫和人性温暖。马克斯·韦伯对父母对子女这两种不同的爱作过一个对比性描述：父亲爱的是最能实现他期望和要求的儿女。而母爱则不同，母亲公平地爱着每个孩子。母爱是无条件的，母亲爱这新生的婴儿，因为这是她的孩子，而并不是因为这个孩子具备了何种特定的条件，或者达到了何种特定的目的，或者实现了何种特定的期望。但是，父爱却是有条件的：我爱你是因为你实现了我的期望，是因为你尽了你的义务。

　　相应地，子女对父亲和母亲这两种不同的爱也会有不同的情感反馈。汉代的扬雄就说过：小孩子和小动物一样，虽人事不晓，却懂得亦步亦趋地追随、环绕着母亲。这并不是因为母亲懂得礼仪，小孩子当然并不晓得什么礼仪，他之所以亲近母亲只是因为对母亲的爱出于"亲"，而对父亲

121

的爱则只是"敬"而已。显然，在子女心目中，父爱因为掺杂了较多的社会责任往往表现得深邃、冷酷而缺乏温情，敬畏有余而温暖不足。而母爱就不同了，尤其在孩子幼小的情感世界里，还并不理解什么是社会责任和社会担当，他们最早、最容易也最乐于接受的是母亲源自天性的温暖的亲情和怜爱。

子女对父亲和母亲不同的情感反馈，最直接地体现在父母对子女教育效果的不同上。东汉末年刘劭总结过这种不同，他说："敬之为道也，严而相离，其势难久。爱之为道也，情亲意厚，深而感物。"由于子女与母亲之间的天然的亲近感及母教的温和与柔情，这就使子女在内心情感上更乐于接受母亲的训导。而这也就决定了母亲对子女的教育效果要更好，如春风化雨，润物无声。所以，元代张颋在《孟母墓碑》碑文中提醒人们："世之人知以教子责之父师，不察母教之尤近也。……贤则亲，无能则怜。媮惰于襁褓之中，养成于长大之后。习与性成，父师之训不能入，虽有美材不得为良器矣。"张颋由此提醒世人：母教比父教更重要。母亲对子女的这种亲情与怜爱，这种始于襁褓之中的点滴化育，其根基之牢、效果之好，是父教和师教所望尘莫及的。

现实中，许多人通过对母亲、母爱的回忆和憧憬所表达出的他们心目中母爱的伟大可以作为证明。

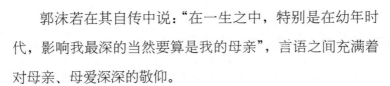

郭沫若在其自传中说："在一生之中，特别是在幼年时代，影响我最深的当然要算是我的母亲"，言语之间充满着对母亲、母爱深深的敬仰。

杨恒均《家国天下》的第一篇"家"的第一句话就是："母亲是盏灯，照亮我前行的路。"他这样深情地回忆母亲对他深厚的爱怜和谆谆的教诲："每一次都是母亲来到我的床边，甚至在她得了白血病后，母亲还颤巍巍地来到我的寝室，东看看，西摸摸，仔细察看我的被褥，只要她老人家还在世上一天，她是不会让严冷的冬天把她的儿子冻坏的……母亲一生没有积蓄，她常常说她最大的财富就是我们四个子女。她希望我们过得好，但母亲希望子女的'好'却和很多人想的不一样，这一点是最让我惊讶的。母亲并不希望自己的子女有权有势，荣华富贵，她只是想我们活得'好'。母亲活得'好'的标准太简单了，那就是活得快活，活得不辜负他人，活得对得起良心。多么简单的'好'，以致当今世风日下的社会，已经对这种'好'不屑一顾了。母亲常常告诫做生意的子女'要做生意先做人'，生意做得再大，忘记了如何做人，枉活一世；她又反复嘱咐手里有点儿小权的儿子'不是自己的一分也不能拿'，否则，活着就不安稳。"这就是一个伟大母亲"爱"的情怀和"教"的方向。

所以，苏联杰出的教育家克鲁普斯卡亚总结说：母亲是儿童最好的教师，她给孩子的教育比所有的学校教育加起来还多。而福禄贝尔则看得更加深远，他说：国家的命运与其说是掌握在当权者的手中，倒不如说是掌握在母亲的手中。这句话的深刻性在于：他指出了国家的未来掌握在儿童的手中，而儿童的未来掌握在母亲的手中。在这一链环中，我们看到了母教对于子女、家庭、国家、社会有多么重要。

但是，近代以来，我国重视家教、母教的教育传统似乎偏离了正确轨道。康有为的《大同书》崇尚"凡妇女生育之后，婴儿即拨入育婴院以育之，不必其母抚育"的公养、公育理想。郭沫若也跟着倡导一个上了理性轨道的社会或国家应该认真推行儿童公育，认为"儿童公育不仅是解放了女性，而且救济了儿童"。于是，现代社会在对母教的认识上走入了两个误区：一部分人主观上认为，儿童教育可以完全由社会承担，妇女要冲出家庭，全身心地投身社会，母教可有可无；一部分人在繁重的社会工作压力下，为自己家教的疏忽找到了客观"理由"。于是，在妇女热衷社会工作成就辉煌的背后，付出了儿童教育缺失、民族未来暗淡的沉重代价。复旦大学老校长李登辉的警醒值得深思："尝观今日之妇女，受高等教育者固多，然徒知求知识之高深，崇尚趋时，冀能活动于社会，而忽于治家教子之道，欲求一永萦回于余脑海如吾母者，殊不多见，不知母德母教之影响于子女

本身，及人类之将来者甚大，吾人实未容忽视。"

固然，现代社会妇女走上社会可以扩大视野，增长知识，母亲的博闻多识有利于对儿童的知识教育。又固然，现代社会妇女的确社会工作繁忙，不如传统妇女在教育时间上那样从容。但需要特别注意的是，儿童教育虽然包含了知识教育，但更主要的在于母亲靠自己高尚的人格和优良的品性素养对儿童在道德品质上的习染。换个说法，对于子女，尤其对于幼小的子女而言，母教的力量，重要的不在于母亲用自身的博学多识教会了子女多少知识，也不在于母亲专门拿出多少时间对子女进行了多少语言说教。重要的在于母亲自身高尚的品德素养、乐观的信念和坚韧的毅力品性，对孩子潜移默化的无声影响。老舍对母亲饱含深情的回忆，就给了我们一个鲜活而明晰的答案。老舍的父亲在他一岁半的时候在八国联军入侵中阵亡了。老舍在《我的母亲》一文中这样回忆他的母亲，他说："母亲并不软弱"，"联军入城，……皇上跑了，丈夫死了，鬼子来了，满城是血光火焰，可是母亲不怕，她要在刺刀下，饥荒中，保护着儿女。……为我们的饮食，母亲要给人家洗衣服，洗一两大绿瓦盆。她做事永远丝毫不敷衍，就是屠户们送来黑如铁的布袜，她也给洗得雪白。晚间，她与三姐抱着一盏油灯，还要缝补衣服，一直到半夜。她终年没有休息，可是在忙碌中她还把院子收拾得清清爽爽。……院中，父亲留下的几盆石榴与夹竹桃，永远会得到应有的浇灌与爱护，年年夏天开许多花"。母亲在战争、动荡与灾难中的那份镇定、倔强、坚强与乐观，都在刀光剑影中那"雪白的布袜"、"清清爽爽的院子"与"盛开的夹竹桃花"中展现出来。在这里，母亲并没有拿出多少时间对老舍进行语言说教，却始终以无声的语言熏陶、影响、教育着幼年的老舍，使他在对这一切不断地细细地回味与咀嚼中潜移默化地塑造着自己的品性。诚如老舍自己总结的：母亲"是我真正的教师，把性格传给我的，是我的母亲。母亲并不识字，她给我的是生命的教育"。

当然，任何一个教育家都明白：对于一个母亲而言，这样的教育方式，实际上比专门拿出时间进行知识说教不知要困难多少倍，因为母亲的素养要靠来自于她从小受到的上一代的教育，也要靠她自己一生持之以恒的自我修养。这就需要家庭、家教和良好家风的持续性，更需要母亲自身道德修养的持续性。

2. 全面教育与德教的重要性

家庭教育应该教孩子什么？相信孟母教子已经给了我们

理想的答案。

　　首先，儿童教育需要全面教育。一个人的健康成长在横向上包括了德、智、体、美各个方面的共同发展。以往，在这一方面不同的学科从不同的角度有不同的定义，教育学上有德与才，伦理学上有仁、义、礼、智、信，心理学上有知、情、意、行。这些内涵性定义都摆明了一个人全面成长的重要。同时，一个人的健康成长在纵向上包括了人生各个不同阶段的成长，从婴儿、幼儿、少年、青年、中年到老年，在每一个阶段都有不同的生存空间：从家庭到幼儿园，到学校，到走向社会，每一个阶段也都会有不同的生活内容和选择：游戏、学习、工作。无论是哪个方面还是哪个阶段，都需要对所面对的作出相应的人生抉择。教育就是帮助孩子在人生的不同侧面和不同阶段作出正确的抉择，实现他们在心理和生理上始终、全面的健康成长。在这一点上，孟母教子为我们树立了一个很好的典范。已如前述，孟母的教育在横向上包含了德与才，品性与知识，家庭婚姻关系处理、社会责任事业担当等涉及如何做人和如何做事的全面教育；在纵向上包括了胎教、幼教和成人教育的不同阶段。就像一棵树的健全包括了根、干、枝、叶、花、果，而它的健全发展又同时离不开土壤、水、阳光和空气一样，全面的发展才是一个人健康的发展，否则，就是畸形的人生。同样，全面的教育才是一个人健康的教育，否则，就是畸形的教育。

所以，全面教育是包含了人生不同方面和不同阶段的和谐教育。在这个和谐完整的体系中，不可以强行规定出哪个方面或者哪个阶段的教育更重要。

但是，我们可以说，道德教育，尤其是儿童时期的道德教育，在一个人的全面教育中的确起着一种引领作用。就像一个人健全的躯体包括大脑和四肢一样，道德教育相当于人体的大脑。没有大脑，一个人就没有了生命；没有道德就没有了灵魂；没有道德教育，其他的教育就失去了方向和目标。正像苏霍姆林斯基在《培养全面发展的个性的问题》一文中所说的："教育者在关心人的每一个方面、特征的完善的同时，任何时候也不要忽略这样一种情况，即人的所有各个方面和特征的和谐，都是由某种主导的、首要的东西所决定的。……在这个和谐里起决定作用的、主导的成分就是道德。""形象地说，道德是照亮全面发展的一切方面的光源。"

当然，在这里，强调儿童道德教育的重要，并不意味着在方法上一定要父母、家长拿出专门的时间进行道德说教。相反，专门的道德说教对儿童的教育效果反而并不好，因为他们的心智发育的限制决定了他们接受不了高深的理论教导。对儿童的道德教育要根据儿童的心理特点和接受能力，把它们浸润和渗透在其他各个方面的教育中，体现在儿童的日常起居、游戏娱乐、待人接物等所有切近的生活小事中。我国古代就有孔融让梨的故事，小时候的让梨，可以培养长大后善良仁爱、谦恭礼让的修养和品行。苏联的巴甫雷什中学每年迎接一年级新生的时候，墙上挂的标语是："要爱你的妈妈!"有人问苏霍姆林斯基为什么不写"爱祖国"、"爱人民"时，他回答说：对七岁的孩子，理解不了抽象的概念。如果一个孩子连他的妈妈也不爱，他还会爱别人、爱家乡、爱祖国吗?"爱自己的妈妈"，七岁的孩子容易懂，容易做。从爱妈妈开始扩大开来，将来才能去爱别人、爱祖国，这也就是传统儒家由"亲亲"而"仁民"的思想逻辑。苏霍姆林斯基还提出，对儿童的基本道德教育主要应该包括爱和善的教育、诚信教育、羞耻心的教育、自信心的教育、合理愿望的教育，等等。从爱亲人中学会爱别人；从诚实守信中学会踏实做人、老实做事；从羞耻心中学会善与恶的辨别；从自信心中学会各尽所能奉献社会，而未必一定成"名"成"家"；从合理愿望中学会什么愿望有权利得到，什么愿望没有权利得到，以遏制贪婪。

对人的德性的培养是普适的，不论中国、外国，也不论古代、现代。《三字经》上说："首孝悌，次见闻。"它揭示出了一个亘古不变的道理：一个人不会做人，也就根本谈不上什么成才。在德与才之间，道德人格的树立是根本的和首要的，其次才是学识。当然，反过来，知识和智力的培养又是道德提升的基础和保障，没有丰富的知识和智力生活会容易狭隘，也很难达到高尚的道德尊严的高度。两者相辅相成，取得一致，才会有一个完美的人生。同样，两者一致的教育也才是健全的教育。

但是在现实中，利益的驱动总是使人们的教育容易滑向急功近利，看重现实的成才而忽略更根本的成人，具体表现为偏爱知识教育而忽视德性培养。早在明代山东监察御史钟化民就指出过这一点，他在为祭孟庙孟母殿所作的《昭告于邾国公宣献夫人文》说："人生教子，志在青紫；夫人教子，志在孔子。古今以来，一人而已。"所谓"青紫"，本来是指古代不同等级官吏的衣服绶带颜色不同，这里用来比喻把做高官作为教育孩子的目标。孟母教子的高尚反衬出了多数人教子的狭隘性功利性目的。尤其在物质文明飞速发展的今天，名利诱惑的加大促使人们的教育更趋功利。广告语"让儿童赢在起跑线上"之所以得到了家长的普遍认可，就是因为这个"赢"字所暗含的知识性教育应合了众多家长在教育孩子上的功利性心理诉求，这同时显示了儿童品德和人格教育的弱化。然而，越是在名利诱惑加大，社会趋利倾向加重，众多家长趋之若鹜于"才"的教育的情况下，也就越发

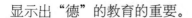

显示出"德"的教育的重要。

走出"智能中心主义"或"道德虚无主义"的教育模式，才是实现健全人生、幸福家庭、文明社会的理想途径。

3. 家长教育与家风的重要性

父母是家庭教育的主要承担者，因而，所谓"家长教育"主要指的是父母的自我教育。由于幼儿接受教育的主要方式是对父母言行的模仿，因而父母自身的言行修养直接决定着子女的教育质量。所以，我国著名儿童教育家陈鹤琴说：家庭教育，对父母来说首先是自我教育。

从德与才的教育内容看，父母的自我教育当然也包括了知识学习和道德修养两个方面。

家长的自我教育首先是知识的学习，通常包括教育学、心理学和其他各种专业学科知识的学习。首先，在孩子成长的不同阶段，需要遵循不同的心理和教育规则。其次，特别是幼儿阶段的孩子，他们具有强烈的好奇心、求知欲和广泛的兴趣爱好。如果因为父母的无知使得孩子的好奇心和求知欲得不到满足，或者不断地受到父母的否定和压制，孩子就会因此而变得颓废、沮丧，失去探索未知的兴趣和理想。这就要求父母不断学习，充实自己，更新自己的知识结构和内容，以激发孩子的兴趣，满足孩子的求知欲。

当然，相比于知识学习，家长的道德修养更为重要，包括高尚的道德境界、坚忍不拔的毅力、乐观的人生态度、奋发向上的精神、正直豁达的胸怀、诚实善良的品质，等等。因为前已有述，幼儿道德品质的培养是孩子一生成长和家庭教育的关键，道德培养的渠道又主要是通过幼儿对父母言行的模仿实现的。按照王东华的说法，孩子总是像雷达一样，全天候地注视着父母的一言一行，而父母的言行又是父母思想观念、道德境界的外在表现。有什么样的道德观念，就有什么样的言行表现。所以，父母要想保持正确一致的言行，必须注意不断加强自我道德修养，提升自己的道德品格。

当然，生活是琐碎而复杂的。从情理上讲，父母也是人而不是神，即便注意了道德修养的培养，也往往做不到在孩子全方位跟踪的视野里，始终保持言行"全天候"的正确。如此一来，家长随时的自我反省就显得十分必要了。对生活中的一言一行，随时进行总结和反省，及时纠正不正确的言行。孟子邻家杀豕，母亲也曾不假思考地随意应对"给你吃"，但话说出口，立马懊悔并及时纠正——买肉视信。这就是在自我约束基础上及时的自我反省。从这个角度看，母亲教育孩子的过程，的确也是再现自己、教育自己和检视自己的反省能力和道德人格的过程。所以，儒家，特别是孟子把反躬自省视为道德修养的一个重要内容。

由此看来，家庭教育和家长的自我教育都是终身性的教育。这种家庭、家长的终身性教育不是靠一时头脑发热、心血来潮通过几次道德说教或者几次家庭"知识讲堂"就可以一蹴而就的，靠的是家长的终生教育和自我修养。家长的修养品质和自我教育不仅一生坚持下来，而且一代代继承下来、传递下去，久而久之就积淀成了一个家庭的家风。而家风一旦养成，又反过来相对持久地影响着家庭的每一个成员，延续几代甚至几十代人。历史上那些延续几代的世家如"梨园世家"、"中医世家"、"商业世家"、"教育世家"、"科技世家"等等，都是家风家教长期浸润、影响的结果。《三字经》中有"苏老泉，二十七，始发愤，读书籍"，虽然苏洵27岁才发愤读书，但他的品性却是在儿时整个家庭的文化氛围中培育养成的。苏氏家族中，苏洵的高祖苏祜，祖父苏杲，父亲苏序，三代虽然在动荡的环境中无缘仕进，但却一直维系着书香门第的传统家风，并在家风的熏陶中成就为当时的蜀中名士。而苏洵的儿子苏轼亲近自然、衷情隐逸的性格，也是自小受了家庭，尤其是母亲的熏陶。他在成年以后还撰文《记先夫人不残鸟雀》："吾昔少年时，所居书室前有竹柏杂花，丛生满庭，众鸟巢其上"，表达了对母亲爱护花鸟、亲近自然的一往情深。如此，我们对苏轼在宋代家族涣散的情况下，极力倡导"欲教民和亲，其道必始于宗族"，父子二人倾力创建的苏氏家谱成为唐宋以后家谱写作的典范，也就没有什么可奇怪的了。所以，苏霍姆林斯基总结说：如果不提高家长的教育素养的话，无论什么样成功的教育工作都是完全不可思议的。

"父母之爱子，则为之计深远"，那些为了孩子不惜时间、心血和金钱而一味热衷奔波忙碌于各种专业辅导班的家长们，你们是否认真地想过：你们对孩子在知识方面单一的付出和投入，在方向和程度上确定是没有失误吗？你们是否忽略了最不应该忽略的良好的自身修养、温馨的家庭环境和代代相传的家教家风对孩子一生举足轻重的教育和影响呢？

六、家学训诲，「以继圣贤之业」

——从三氏、四氏学到三迁书院

孔子以首创私学成为打破贵族教育垄断的先驱，孟子步其后。二者前后相继，在理论和实践上开创了崇德重教的儒学风范。崇德重教，作为儒家的思想与实践精髓，在孟氏家族发展中逐渐融铸成家族家风，又以重视家学教育的形式持续贯彻下来。

儒学开创者孔子的重教理念影响了孟子，形成了孟子重视后天教育的思想。而孟子对教育的重视又与孟母教子——孟氏家族的家教熏陶一起，共同促成了孟氏家族重视家族教育的家风与家教传统。这一家族重教传统在客观上也得到了封建政府的大力支持，而在无论是动荡还是稳定的各种复杂的社会状况下都顽强地坚持了下来，丰富了孟氏家学起伏跌宕的发展史。

孟氏家学从起初参与孔氏家学的三氏学、四氏学教育，到后来家族内部单独成立三迁书院和前后学，家学教育随着历史发展经历了一个复杂的变迁过程。但无论怎样变化，家学的存在始终使孟氏子弟因为良好地受教而成为圣贤思想的传承者和儒家社会使命的担当者，也因为良好地受教而有能力在复杂多变的社会环境中维系诗礼传家的家族家风。

（一）孟氏家学的盛与衰

1. 家学鼎盛——"三氏学"、"四氏学"的官学化

孟氏家学建设经历了从孔府家学到孔、颜、孟三氏学，再到孔、颜、孟、曾四氏子孙共同参与的四氏学，到最后又出现了孟府独立办学的"三迁书院"和前后学这样几个大的转折和变化。其中三氏学和四氏学时期，孟氏子孙与孔府共学。这一阶段，孟氏家学因为受到政府的特殊眷顾而达到辉煌，但也因此越来越远离了私学性质而日益趋向官学化。

孟氏家学的前身实际上源于孔府家学，宋哲宗于元祐元年（1086）在孔庙东南侧重新改建孔子庙学之后，下令增加孟氏和颜氏子孙入学。从此，孔子家学开始兼收孔、颜、孟三氏子弟。元世祖忽必烈中统二年（1261）九月，政府应大

司农姚枢的请求颁布诏书，让当时的大儒杨庸教授三氏子弟，并下令要"严加训诲"，以便使他们能"精通经术，以继圣贤之业"。元世祖的诏令标志着孔、颜、孟三氏子孙共学得到了朝廷的正式认可，也意味着国家开始插手圣贤私学的建设和管理。明朝建立以后，明太祖朱元璋在即位的第一年，即洪武元年（1368），就设立了"三氏子孙教授司"，把对三氏学的管理正式纳入到了国家管理体系之中。到明宪宗成化元年（1465）的时候，又下令允许三氏学每三年可以选一人进入国子监。三氏学中的圣贤子孙除了通过参加科举考试踏入仕途以外，又享受直接成为国子监生的特殊待遇，这反映了国家对圣贤家族子孙的格外关照和对圣贤家学的特别关注。

明神宗万历十五年（1587）秋，朝廷根据巡按御史毛在的请求，在三氏学的基础上，又增加了山东嘉祥的曾氏子孙进入三氏学学习。于是，三氏学发展为四氏学。

清代建立以后，又下令正式在四氏学设教授一人，享受正七品官衔；学录一人，享受正八品官衔。管理四氏学的教授、学录进入国家官吏品阶并享受国家俸禄。这样一来，这个原本属于家族私学性质的家族学校，因为圣贤后裔的特殊身份而越来越多地受到国家政治的特殊眷顾，一步步由家族私学向国家官学演变。

　　国家对四氏学的干预，除了通过向四氏学委派官吏这一途径外，还包括出资修建四氏学学馆、赠予四氏学学田和向四氏学拨款等经济上的资助。

　　孔氏家学增加颜、孟两家子孙入学之后，生员规模扩大了，原来的学馆太过拥挤。明孝宗弘治十一年（1498），政府应兖州知府龚宏的奏请，由当时的山东巡抚、巡按亲自主持，对三氏学学馆进行了大规模扩建，形成了前为东、西斋，中为明堂，后为讲堂，前、中、后三进布局。潘相的《曲阜县志》详细记载了这次整修的规模和建置，称：经过修整后的学馆"计一百一十楹，缭以崇垣，规制焕然"。显然，经过这次政府主导和参与下的修建，孔氏家学的规模较前大有改观，家学面貌因此而焕然一新。

　　四氏学在政治上得到政府支持的同时，经济上主要也是靠政府拨赐的学田和款项支撑。四氏学的学田主要依靠帝王赐予和地方官府拨给，这一点也充分体现了圣贤家学与民间普通家学相比的优越性。据《阙里文献考》记载，最早从宋哲宗元祐元年（1086）就开始赐给孔府家学学田了。此后，元、明两代朝廷和地方官员为三氏、四氏学赐、拨土地的数量不断攀升，最多的时候达到50顷。这些学田都享受政府的免税特权，收入主要用来供给学官的俸禄、生员的廪饩，生员参加科考的盘费及学官的修葺费用等。政府直接拨款是四氏学在经济上的另一个依靠。从材料看，最早对四氏学拨款始于金代。明代，随着三氏学的官方化进程，政府拨款也越来越制度化了。明太祖朱元璋在把孔府庙学改为三氏子孙教授司，把孔府家学正式纳入国家教育体系的同时，也在经济上把它纳入国家官僚的俸禄体系。学校的教授、学录和斋夫一律由国家按规定的等级数量发放俸禄，教授由国家委派，一年谷 96 石；学录由孔氏子孙中选拔担任，一年谷 60 石，斋夫银 24 两。但这一时期，学录、教授的俸禄还是由孔府从庙田收入提供，只有斋夫银由曲阜县提供，这说明明代政府对四氏学的经济支持还没有完全实现官方化。到了清代，四氏学学官的俸禄才完全由官府从曲阜县财政收入中统一拨给，这个变化说明四氏学的官方化程度到清代进一步加深了。历代政府给四氏学拨的款项和学田一样，除了主要用于学官俸禄外，还用于生员廪膳、参加科举考试的盘费和学宫的修葺，等等。

2."三迁书院"与前、后学的艰难维系

孟氏家族的子弟教育主要是通过参与由孔氏家学扩展而成的三氏学、四氏学教育来实现。大约在清代嘉庆、道光年间，在孟氏家族成员人数大增的情况下，在孟子六十九代孙

复建的三迁书院

孟继烺（或在他的儿子孟广均）执掌家族事务的时候，又在家族内部设立了三迁书院，作为孟氏家族自己的私塾家学。由于资料不全，关于三迁书院的建立和运作的很多情况现在没有办法彻底搞清楚，比如书院建立的直接起因是什么？书院究竟是什么时候建立的？书院的经济来源和生徒来源是怎样的？书院中的执教者情况如何？我们只能凭借今天所能看到的一些零星的回忆和记录，大致勾勒出一点模糊的框架。

关于三迁书院的设立时间，现在有两种说法。孟广均的《孟子世家谱·自序》和吴若灏编的《光绪邹县续志》中说，是由孟子七十代孙孟广均建立的。而曾经在后来的孟府前、后学任教的孟昭旆在一篇回忆小文《孟氏宗支的家庭教育》中却说，三迁书院是孟广均的父亲孟继烺创建的，原文说："孟氏家学名'三迁书院'，大约创办于六十九代孟继烺时，七十代孟广均死后渐废。后世仅存其址，在孟府以西以北的家庙里。券门书'三迁书院'四字，近世犹存。"从行文看，孟昭旆对三迁书院建立的确切时间也并不肯定，所以用了"大约"这样的字眼。很可能，从筹备到建成，父子两人都为这一举措付出过努力，后来三迁书院之所以在孟广均正式继任五经博士的当年就顺利成立，应该与父亲孟继烺生前的前期准备不无关系。不过，无论三迁书院究竟由谁创建，各方面材料显示，孟氏家学"三迁书院"的确曾经设立过。

根据吴若灏编的《光绪邹县续志》中说三迁书院"训族中子弟无力延师者"的记载，孟府创设三迁书院的目的，应该是为了解决孟氏家族中不能进入四氏学接受教育的家族子弟。因为，四氏学的招生名额有限，特别是在清代孟氏家族子孙大增的情况下，四氏学的收徒名额远远不能满足孟氏家族所有子弟求学的需要。另外，进入三氏、四氏学需要考核选拔，这就需要孟氏子弟在正式进入三氏、四氏学之前，要有一个初级启蒙教育期，三迁书院就起到这个初学起蒙的作用。由此可以推断，三迁书院的建立是四氏学的重要补充形式。

三迁书院自道光十二年（1832）始设至同治三年（1864）结束，大概存在了 30 年的时间。在这 30 年的风雨历程中，三迁书院的运作并不正常，作为初级式家学教育，所收生员也主要是孟子家族中"无力延师"或者不能进入四氏学受教的子孙，因而书院的规模始终不大。在学院里执教的也主要是孟广均以及家族聘请的几个族内有知识威望的长者。根据孟广均编清穆宗同治本《孟子世家谱》记载，书院先后有"登贤书者六人，食廪饩者六人，补弟子员者三十一人。当此修谱之役，各自踊跃，共为采该，实心任事"。这说明书院的教育效果还是不错的。

三迁书院于清穆宗同治初废止后，在清末至民国易代的动荡时期，孟氏家族子弟教育受时局的影响时断时续。但即便在如此艰难的环境下，孟氏家族还曾经一度在孟府西跨院和缘绿楼西北分别建过"前学"和"后学"两处家塾。但是，关于这两处家塾的运作情况，因为时局动荡，今天知道的就更少了。根据少数亲历者的零星回忆，只知道"前学"生徒范围较广，所有孟氏近支学行兼优的子弟经选拔均可入塾就读；"后学"的生徒范围相对狭窄，只教授翰博子弟。教师由孟氏家族出面聘请本家族内或周围乡里有才学者任教。教授的内容也随着时代的变化与时更新，除了继续学习《孟子》外，还学习国语、算术、常识等新式学堂的课程，教材大多采用当时通行的小学课本。学校规模也都不大，并且随着时局和环境的变化而时兴时废。

乾隆年间提督学政谢溶生总结四氏学的盛衰时曾称："学校者，帝王所以储才育贤之地也。学校之有衰盛即国家之治乱因之。诚哉，是言欤！阙里家学盖二千年，而每随国故为兴替，君子观此亦可以识世运矣。"这段话清晰地阐明了家族家学教育的盛衰与国家或民族命运紧密攸关。家族和家学教育的兴衰实乃国家兴衰的缩影，儒家家族与家学的命运尤其如此。

但是，对于孟氏家族而言，家族母教文化和儒家重教思想的深刻熏陶，再加上圣贤家族的特殊身份和传承儒学的特殊使命感，已经深入孟氏家族成员的血液和骨髓，纵使外在客观环境多么恶劣，家族后继者对于子弟的教育在思想意识上都不敢存有丝毫的懈怠。从参与四氏学到三迁书院建设，再到前后学的继续开设，一方面反映了家族生存与时局变幻之间如影随形的紧密关系，另一方面也体现出了孟氏家族对家族教育的执着与坚持。我们从首次被授予翰林院五经博士的孟子五十六代孙孟希文的教子实践中，可以看到孟氏家族对于家族教育的这种顽强的执着和坚持："公赋质英敏，髫年授教，未几辄能成文，千古书典册触目记忆，声誉胜士林……其教子笃于庭训，为延师取友，必择而事之。今长君英发能文，义方之教于是见矣。"

（二）孟氏家学的教育宗旨和教育特点

与我国一般家族私学相比，承担着"继圣贤之业"的孟氏家学教育，肩负着为世人树立尊孔读经典范的特殊政治使命，这也是历代政府对圣贤家学百般奖掖的目的所在。所以，孟氏家学的教授内容，除了通常应对科举考试的内容外，主要是学习儒家的"五经"。为了掌握儒家经典，"精通经术"，诗礼传家以完成继承圣学的政治和历史使命。

作为儒家教育文化的典型体现者，孟氏家族对家族子弟的培养宗旨完全承继了家族母教和儒家的教育特点，在品德与才学两个方面特别重视前者，即注重道德教化。

儒家创立者孔子的教育目的，从小的方面看是为了修身，博学弘毅，守死善道，提升个人境界；从大的方面看则是为了"学而优则仕"，培养政治素质，以积极入世，实现治国平天下的宏图抱负。

孟子完全继承了孔子的教育目的和教育思想，在《孟子》七篇中，关于社会教育、学校教育和家庭教育的忧虑和思考俯拾皆是。比如，关于社会教化的："圣人有忧之，使契为司徒，教以人伦——父子有亲、君臣有义，夫妇有别，长幼有叙，朋友有信"（《孟子·滕文公上》），"仁言不如仁声之入人深也，善政不如善教之得民也。善政，民畏之；善教，民爱之。善政得民财，善教得民心"（《孟子·尽心上》）；关于学校教育的："谨庠序之教，申之以孝悌之义"，"设为庠序学校以教之。庠者，养也；校者，教也；序者，射也。夏曰校，殷曰序，周曰庠；学则三代共之，皆所以明人伦也"（《孟子·滕文公上》）；关于家庭教育的："中也养不中，才也养不才，故人乐有贤父兄也。如中也弃不中，才也弃不才，则贤不肖之相去，其间不能以寸"（《孟子·离娄下》）。而且，孟子也完全继承了孔子的实践教育理念，一生孜孜矻矻,上下求索,周游列国,践行明人伦、重德教的教育理念,久经磨难而情致不衰。

孔子和孟子的教育宗旨和教育理念,汉代以后在尊孔崇儒的政治潮流中延续下来,奠定了以后中国两千年家族教育乃至于所有官、私学教育的理念、模式和基本格局,也当然地成为孟氏家学的教育宗旨和教育理念。

孟氏家族重视家学教育的目的非常明确,主要包括两个层面:一是在文化层面上,因为孟氏家族是圣贤家族,本身承担着传承儒家思想的政治和文化使命,这也是国家提倡儒学,重视圣贤家族发展的目的所在。而圣贤家族的发展需要依靠接受了系统教育的家族人才来实现,所以,只有通过家族教育,实践孔孟儒家的重教理念,才能使家族子弟得到儒家思想和礼仪知识的系统熏陶,延续诗礼传家的家族家风并维系儒家思想统系的传承。二是在切近时代的现实层面上,通过家学对家族子弟的知识灌输,提升他们的学识素养,使他们更多地由这一途径踏入以儒家经学为科考内容的科场,进一步由科场而官场,实现儒家"学而优则仕"的教育理想,并借此实现本家族的延续和壮大。

与普通家学教育相比,孟氏家族的家学教育既有特性,也有共性。所谓特性,是因为它是儒家后裔的直接代表,更直接地肩负着传承儒家思想的历史使命,正像潘相在《曲阜县志》中解释为什么在曲阜正常设县学的同时又专设四氏学的目的时所说的："非直以崇报先圣贤也，盖将欲孔颜曾孟之裔学孔颜曾孟之学，而县学及天下学之学孔颜曾孟者，皆式于孔颜曾孟之裔也"，有鉴于这一标杆性作用，孟氏家族也因此在政治上受到政府的特殊礼遇。这一点，决定了孟氏家学无须与其他普通家学一样，需要面对和承受来自自身生存方面的经济压力。也就是说，孟氏家族和一般民间家族相比，受到国家在经济方面的特殊优遇，没有经济压力和生存危机，因此家族教育的任务更单纯和专一，不需要既耕且读，耕读传家。只需要在的家风沐浴下好好学习儒家经典，认真领会和传承儒家精神就够了。所以，孟氏家学"凡生员各治一经。学官月有课，季有考，别其等以报学政，学政考取其最优者食饩于官，曰禀膳生员"。正因为这样，孟氏家学教育的内容就是单纯学习四书五经，没有劳动技能方面的培养，家族子弟也不需要和其他普通家族那样既要求子弟掌握一定的耕作生存技能，又要同时学习儒经，努力仕进。在德才教育的侧重点上，只着重于"恪遵先祖圣训"，注重培养温良恭俭、礼义廉耻等儒家传统道德品格。孟氏家族依赖于朝廷对圣贤世家的特殊恩遇，形成了圣贤家族特有的诗礼传家的家族使命和家族家风。所谓共性，是因为孟氏家族作为圣贤家族，它的家学教育虽然在科举入仕中受到国家在录取比例、生员出路等多方面的特殊优待，但毕竟需要和普通家族一样，凭着对儒术的习染而真实地参与到科举考试的竞争中，以此争取到家族子弟参政的机会，实现家族与政治之间的结合。

孟氏家族家学教育的特殊性，特别是由其家族的特殊性所决定的家学教育内容的单一性，对于儒家真精神的传承与弘扬无疑将起到积极作用。但是从现实的角度看，由于其一味偏重于理论、道德的培养，而忽视社会实践能力的培育，这种家学教育内容的过于纯粹化，对孟氏家族子弟自身素质的全面提高和发展，也产生了不可避免的负面影响：一方面，在政府的经济呵护与衣食无忧下，孟氏子孙长期缺乏家族经济经营方面的危机意识与必要训练。孟氏家族田产的屡赐屡失，虽然与多种环境因素有关，但不能排除家族内部经营管理方面的缺陷。家族子弟生存能力的缺乏，在某种程度上阻碍了孟氏家族在真正意义上的发展。因为在通常意义上，一个家族经济发展的实力，才是这个家族立足于社会的真正根基。事实上，"耕"与"读"二者之间是相辅而成的。习于"耕"是家族经济发展、力量壮大的前提，精于"读"是家族永续发展的潜力和保障。失去前者，家族的发展会因为缺乏内源力而面临濒于萎缩的危机。一个缺乏独立生存能力的家族，其应对复杂社会尤其是动荡局势以维护家族稳定发展的能力必然大打折扣。另一方面，国家赋予孟氏子孙传承儒学的政治使命，使本家族嫡裔单纯以奉祀为职志，不像一般家族那样迫切和看重科举入仕。而国家在科举入仕上对孟氏家族的特殊恩遇，反而使孟氏子孙因为科举考试压力的减弱，而自然地削减了其在学业修习方面的进取精神。这一问题的直接后果，曾经被孟子七十四代孙孟繁骥延聘为私塾老师的孟昭旆在一篇回忆性小文《孟氏宗支的家庭教育》中提及："因为以奉守林庙、主持祭祀为职责，不求闻达，所以包括繁骥先生本人，在经术、学业上都没有很深的造诣。实际上繁骥夫人王淑芳女士是他家文化水平最高的人。"在政治的多方扶植下纯粹的"诗礼传家"式教育，不仅无法使孟氏家族后裔在不断受到刺激和激励的环境下茁壮成长，反而在激烈的社会竞争中表现出不断趋弱的态势，这正是"狼群效应"的体现。一群羊，只有在狼群的威胁下，才能优胜劣汰，不断壮大自我。所以，从长远看，特殊政治呵护所带来的家族自身生存无忧的环境，不仅不是家族发展壮大的助推力，反而会成为家族持续发展的阻碍。

七、「野棠开处空流水，执帛
雍容自进趋」

——孟氏后裔对儒家精神的传承

孟氏家族承续儒家孔、孟思想，形成了诗礼传家的圣贤家风。深受圣贤家风熏陶的孟氏子孙在潜移默化中秉承了孔、孟的思想精髓，并在他们各自不同的人生实践中从不同方面诠释了儒家思想的精神内涵。

（一）气——孟浩然：高山可仰，徒揖清芬

儒家在长期政治实践中，既有改造自我积极入世的企望，同时又强调知识分子独立不倚的个性。从孔子的刚毅到子思的敢道君非，再到孟子的民贵君轻、浩然之气，都体现了早期儒家在引人向善的理性追求和个人内在精神方面的独立不倚，也体现了儒家思想在发展过程中，在保持疏离政治

孟浩然像

的独立精神（即出世）与参与社会、趋附政治（即入世）之间的上下求索。

孟浩然是孟子第三十三代后裔，名字如人，他是孟氏家族中继承儒家、承续孟子，气有浩然，独立不倚、藐视权贵的一代文学巨匠。

历史上，唐代是中国封建经济、政治和文化的鼎盛期。经济的繁荣和政治的强盛，为文化的繁荣奠定了坚实的基础，使文化领域呈现出经学、史学、文学、艺术、科技百花齐放的盛况。而在诗、词、文、小说各种文学形式中，尤以诗歌最为光彩夺目。清人编的《全唐诗》，收入唐二千三百多个诗人的四万八千九百多首诗。其数量之多，内容之丰富、风格流派之异彩纷呈，为以往任何一个朝代所罕见。

唐朝诗歌的发展大体经历了初唐（618—712）、盛唐（712—762）、中唐（762—827）和晚唐（827—859）四个阶段。所谓盛唐，在时间分段上包含了玄宗和肃宗两代统治时期。唐玄宗开元、天宝年间，封建经济和文化都承续前代发展达到了高峰。但与此同时，在繁荣的表象下，腐朽的潜流开始涌动，各种社会矛盾不断发展积累，终于引发了安史之乱。安史之乱之后，唐朝开始由盛转衰。

文学是现实的反映。唐朝诗歌发展的节律，明显契合了社会现实的步伐。盛唐以后的诗歌，无论是田园诗还是边塞诗，在形式上达到精美华丽的同时，在精神气质上开始出现闲适退隐的消极情绪。与此相对应，在诗歌的内容上出现了沉郁顿挫、为变乱和苦难咏叹的潜在倾向。

1. 个性与人生

孟浩然就生活在这样一个大唐由盛转衰的转折时期。作为盛唐田园诗的主要代表，孟浩然（689—740）的事迹一并载入新、旧《唐书》。但关于他的生平，两书的文字表述都不多，只有类似《新唐书·孟浩然传》中"少好节义，喜振人患难，隐鹿门山。年四十，乃游京师。尝于太学赋诗，一座嗟伏，无敢抗"等寥寥数语。不过，从这不多的记载中，我们足以了解他大致的人格品性与人生经历。

孟浩然自少年时就尚气节、重义气，喜欢扶危救难。他曾长期隐居在鹿门山，直到40岁时才游学京师。才华横溢的孟浩然曾在太学赋诗，名动公卿，一座倾服，但却在进士考试中名落孙山。尽管如此，孟浩然的才华为世人所倾慕，张九龄、王维、王昌龄等众多当世名士都与他结交深厚。传说一次他被王维邀入内署，二人正叙谈间，突然玄宗造访，孟浩然一时情急，慌不择路，钻入床下躲避。王维如实相告，玄宗很大度地说："我听说过这个人，但从没见过面，为什么要藏起来呢？"孟浩然只好慌恐地从床下出来。当玄宗问及最近有什么新诗作时，孟浩然面对这位久已仰慕而又高居其上的皇帝，想起自己科举受挫，不禁百感交集，随口吟诵一首，表达自己遭遇明主却又不获重用的委屈心迹。但是当玄宗听到诗中有句"不才明主弃"的时候，觉得很不入耳，责怪道："是你不来求仕，却说我弃你不顾，又怎么反责怪我不重人才呢？"还有一次，采访使韩朝宗要推荐孟浩然赴京做官，两人约好时间一起出发。恰逢孟浩然的一位故友造访，孟浩然与朋友痛饮之余，早已把与韩的约会抛到九霄云外。有人提醒他说："不要误了与韩公的约会"，孟浩然竟斥责说："已经痛饮至此，不必管他。"最终因为酩酊大醉而违约。韩朝宗为此大怒，愤而辞别，孟浩然却毫无悔意。孟浩然的心理与行为看似自相矛盾，实则暴露了一介文人在保持个性独立而疏离于政治与放弃人格独立而趋附政治之间的矛盾与情感纠结。这一复杂和矛盾的心理，使他始终徘徊于出仕与入仕之间，也在某种程度上注定了他仕途的起伏与人生的坎坷。

仕途失意的孟浩然，为排遣这种"不足与外人道"的失落情绪，曾漫游吴越，穷极山水。然而这一洒脱表象的背后，实际上映射着深受儒学入仕熏陶的知识分子，在腐败风起、统治渐暮的时代在入世与出世之间痛苦的情感纠葛与命运抉择。

　　"为天地立心，为生民立命"的入世精神，在儒家长期的提倡和强化下，已经深入到每一个知识分子的骨髓，幻化成为他们治国平天下，实现人生价值和理想抱负的原动力。但是，与此并存的，又往往是他们那无法改变的耿介不随、清高自傲的个性。特别是当这个朝代已呈现出种种腐败与不公的衰相时，知识分子孤高自傲的个性与入世情怀之间的矛盾与纠结会更加突出地显露出来。所以我们看到，当孟浩然应聘入张九龄幕府时，曾一度为自己能有机会一展抱负而兴奋，写下"感激遂弹冠，安能守固穷"(《书怀贻京邑同好》)、"故人今在位，歧路莫迟回"(《送丁大凤进士赴举呈张九龄》)的诗句，表达了他"气蒸云梦泽，波撼岳阳城"般的壮烈情怀与跃跃欲试的激情。但在落第南游吴越消遣愁怀的时候，又只能以"山暝听猿愁，沧江急夜流。风鸣两岸叶，月照一孤舟。建德非吾土，维扬忆旧游。还将两行泪，遥寄海西头"(《宿桐庐江寄广陵旧游》)和"移舟泊烟渚，日暮客愁新。野旷天低树，江清月近人"(《宿建德江》)，表达了自己不为世用的孤寂游子的悲凉。闻一多评价孟浩然说：正如当时许多有隐士倾向的读书人一样，孟浩然原来是为隐居而隐居，为了一个浪漫的理想，为着对古人的一个神圣的默契而隐居。这番话一语道中了孟浩然这个以儒家"为天下立心，为生民立命"自任的孟氏后裔的高远境界和人生情怀，也道出了他徘徊于出世与入世之间的矛盾心理与情感纠结。

2. 文思与才情

生当盛唐，早年也曾有用世之志的孟浩然，面对社会的种种衰相和自己的怀才不遇，孤高自傲、不入世俗的士人性格使他徘徊于入仕与归隐的两难境地，结果使他的与其他大多数知识分子一样，终难以摆脱现实中的困顿失意与凄凉。如同王士源在《孟浩然集·序》中所说的："骨貌淑清，风神散朗；救患释纷，以立义表；灌蔬艺竹，以全高尚。"

然而事情又总是辩证的，正是不肯阿世的傲骨和仕途的不得意，才反过来成就了孟浩然堪与王维比肩的唐代山水宗师的地位。文学是一种创作，而创作恰恰需要保持作者不为世俗扭曲的率真自然的秉性。坦荡率真，不受礼制约束，不矫饰虚伪，用"好事心灵自不凡，臭秽功名皆一戏"（米市语）的用世态度，抛开功名利禄的羁绊，才能无欲则刚，坦露胸怀抒发出真性情，从而成就创作。所以，反叛精神，不仅是儒家匡扶政治的翼求，也是儒者铮铮傲骨的体现。记得《老子》中曾说过："古之善为士者，微妙玄通，深不可识。……敦兮其若朴，旷兮其若谷，混兮其若浊。"这是道的最高境界，也是艺术和人生的最高境界。在这个境界里，没有哗众之心，不存媚世之态，这样创作出来的作品才是真的、新的，才能独辟蹊径，自成气象。而这一切，在这个以承续孟子"浩然正气"，以"浩然"命名的孟氏后裔的生平遭际中活生生地体现了出来。

孟浩然的诗在形式上大多为五言短篇，在内容上由早期的政治、边塞而至后期的田园山水。但无论是什么形式和内容，其不事雕饰、超妙自得的诗风，始终如一地反映着他的不俗个性。《过故人庄》、《春晓》、《宿建德江》、《夜归鹿门歌》等篇章，反映的都是这样的意境与韵致，因此而被杜甫誉为"清诗句句尽堪传"的佳作。而《岁暮归南山》、《晚泊浔阳望庐山》等抒情之作，则处处透着蕴藉深微的超凡与空灵。这种无以言表的超凡与空灵，流露出一股不入世俗、刚正不阿的壮逸之气，使我们看到《望洞庭湖赠张丞相》中"气蒸云梦泽，波撼岳阳城"傲视庸俗、俯视一切的磅礴与洒脱。孟浩然正是凭着这份洁身自好、不乐逢迎、耿介不随的洒脱，使他的诗摆脱了初唐应制、咏物的狭窄境界，为开元诗坛带来了前所未有的新气象。"木落雁南渡，北风江上寒"（《早寒江上有怀》）、"风鸣两岸叶，月照一孤舟"（《宿桐庐江寄广陵旧游》）、"野旷天低树，江清月近人"（《宿建德江》），终成为传诵后世的一代绝唱。

诗仙李白曾专门写诗赞孟浩然:"吾爱孟夫子,风流天下闻,红颜弃轩冕,白首卧松云。醉月频中圣,迷花不事君,高山安可仰,徒此揖清芬。"(《赠孟浩然》)诗写出了孟浩然一生的高风亮节和洒脱不羁,也写出了他的不饰雕饰、仁兴造思的本真性情。

(二) 权——孟知祥:善用机变,乱世英杰

唐朝后期的藩镇割据延续到唐亡,形成了中国历史上继魏晋之后又一个分裂、动荡、割据的时代,即五代十国时期。这是中华民族经历了大唐盛世之后的又一个悲凉之秋。所谓"天子播迁,中原多故",这一时期,整个中原上有暴君,下有酷吏,政治黑暗,战乱不断。史书上描述当时的百姓惨状:"丁壮毙于锋刃,老弱委于沟壑",甚至"人相篡啖,析骸而爨,丸土而食,转死骨立者十之六七"。在军阀混战的烽火硝烟中,一个个短命政权轮番登场,北方先后有后梁、后唐、后晋、后汉、后周交叠出现;南方和北方的河东地区又有吴、南唐、吴越、楚、前蜀、后蜀、南汉、南平、闽和北汉十个政权或共存或相继。再加上东北契丹,西北高昌,西南吐蕃、大理对中原虎视眈眈。各政权你方唱罢我登

场，整个中原成了腥风血雨、尸山血海的炼狱。

然而，历史总是充满着辩证法。从另一个角度看，正像黑夜意味着黎明的到来，寒冬孕育着新芽的绽放一样，这一时期既是藩镇割据的延续，也预示着新一轮统一的开始。我们看到，经济上，租佃制进一步发展，人身依附进一步削弱，经济新区域在各国富国强兵的政策推进下向边缘地区扩展；政治上，科举制的推行，推动着社会结构的变化，衣冠缙绅的统治体系被士子的广泛参政颠覆，传统的门第观念逐步走向消亡；文化上，书法、绘画、诗词等在战乱的缝隙中顽强生长，以至于形成了南唐与西蜀两大文化中心，为其后宋代文化艺术的繁荣做了充分的积淀。

战火与歌舞并存，文士与武夫并肩，黑夜与黎明交替，这是一个充满颠沛与苦难的时代，也是一个充满诡异与变数的时代。

孟氏后裔孟知祥就生活在这样一个时代。在这样一个权力下移、政出多门、群雄逐鹿的时代，他凭借着对瞬息万变的时局的敏锐观察、准确把握与果敢抉择，凭着他善于权变的智慧，摆脱危境，乱世称雄。孟知祥的一生为儒家的权变观做了一个很好的实践性诠释。

有人认为儒家思想拘泥僵化、狭隘保守、缺乏开拓，这其实是对儒家思想的误解。儒家从开创者孔子起就倾向权变，推崇因时制宜，灵活变通，与时而进。孔子在《论语·子罕》篇说："可与共学，未可适道；可与适道，未可与立；可与立，未可与权。"这段话的意思是：可以一起学习知识的人，未必都能真正参透并始终奉行圣贤之道；而即使能够做到这两点的人，也未必都能够通晓推行大道、通权达变的深刻奥义。显然，在这里，孔子把随机应变的权变智慧视为人生处世的最高境界，即他在同篇中所说的"毋意、毋必、毋固、毋我"。孟子生活在新旧交替、社会变革更加剧烈的战国时代，更加推崇权变，他说："执中无权，犹执一也。所恶执一者，为其贼道也，举一而废百也。"（《孟子·尽心上》）在通常情况下，"执中"可以避免偏执和极端，但在复杂多变的环境下，一味地"执中"，便容易导致教条和僵化。孟子在《离娄》、《梁惠王》等多个篇章中，都充分展现了他在现实中的善权变：在"男女授受不亲"的礼制规则下，"嫂溺援之以手"就是权变。同样，在"臣事君以忠"的原则下，可以杀死不行仁义的国君也是权变。至于何时何事又如何行权，则一切以时势为据，以道义为上，这就是《礼记·中庸》所说的"义者，宜也"。

孟知祥是孟子三十九代后裔孟方立的侄子，属于孟子第四十代孙。他的事迹，主要记载在新、旧《五代史》和吴任臣的《十国春秋》中。从上述史料记载看，孟知祥在那个中国多故、胜者为王的时代，从被五代后唐李克用、李存勖父子重用为马步军都虞侯，到占有东、西两川，再到被封蜀王，终于最后称帝，靠的正是他对儒家权变观的特有理解及其相应的权变实践。

1. 拒任"中门使"

中门使是五代十国时期地方节镇模仿中央体制设立的幕职官，形同于朝廷中的枢密使，在地方节镇中具有举足轻重的地位，它是唐末五代割据藩镇僭越朝廷在官职设置上的特有表现。据《新五代史·后蜀世家》记载，南唐庄宗在还是晋王的时候，曾想任命孟知祥为中门使。在动荡多变的时代，越是看似光鲜的要职越意味着危险，此前担任中门使一职的已有多位获罪被杀。孟知祥担心自己因此招致杀身之祸，但在帝王生杀予夺的专制政治下，直接拒绝显然并不可行，孟知祥就采取了权变迂回的办法，推荐了郭崇韬代为履职。中门使在五代的确属于地方节镇的权力要害，其权力之大与地位之显耀毋庸置疑。这对于任何一个想建功立勋，在动荡中主宰沉浮、称霸一方的人都是一个巨大的诱惑，所以，被推荐的郭崇韬对孟知祥感激涕零。然而，郭崇韬没有看到权力与威势的光环之下所伴随着的潜在危险。而此前吴珙、张虔厚的获罪已经证明了这一点。后来的事实也同样说明了这一点，代孟知祥任中门使的郭崇韬和后来的安重诲终究都没有逃脱被杀的结局。孟知祥拒任中门使一职的智慧在于：一方面因为拒任中门使而得以保全性命，避灾远祸；另一方面，正是因为有代任中门使的郭嵩韬在心存感激下的极力推举，孟知祥才得机进入西川，并由成都尹而剑南西川节度副大使，迈出了立足西川的关键一步。

2. 发展西川经济，安抚民心

战争是以暴力解决政治的手段，而经济实力和人心取向却是决定战争胜负的关键因素。秦国之所以实现统一，除了与自孝公以来几任统治者始终如一奉行正确的对内、对外政策有关外，更重要的还在于经过春秋战国长期战乱，共同的经济体和封建政治储备，使统一已经成为当时的大势所趋和人心所向。孟知祥同样深知经济实力对于提升政治和军事实力的重要作用。因而在西川赴任伊始，即从发展经济、稳定民心入手，针对前蜀暴政导致的百姓穷困，"蠲除横赋，安集流散，下宽大之令，与民更始"。这一举措果然奏效，社会秩序很快稳定下来，经济快速发展，物价稳定，人心安定。1971 年，在四川成都北郊磨盘山发现的孟知祥夫妇合葬墓中出土的《大唐福庆长公主墓志》，这样记述当时西川百姓的富足安定："军民辑睦，稼穑丰登，咸安惠养之恩，更懋神明之政，虽灾临分野，而福荫山河。"墓志赞誉孟知祥"德重三朝，勋高百揆"。从宋人张唐英写的《蜀梼杌》中"是时蜀中久安，赋役俱省，斗米三钱"与墓志类似的记载可以判断，墓志所载并不为虚。孟知祥入川后安定经济，整顿政治的措施的确收到了实效。天府之国在战乱的缝隙中焕发生机，这为孟知祥立足西川，扩张势力，以及后来的称王称霸奠定了基础。

3. 摆脱监军，培植心腹

监军是汉武帝时开始设立的临时差遣的官职，原称"监军使者"或"监军事"，省称为"监军"，主要职责是代表朝廷协理军务，督察将帅。在后来的东汉和魏晋时期一直沿用，隋末开始由御史兼任，唐玄宗改由宦官充任。中唐以后，鉴于地方藩镇权力的膨胀，为加强中央对地方军镇的控制，令监军出监诸镇，以分各镇节度的权力。《旧唐书·高力士传》有"监军则权过节度，出使则列郡辟易"的记载，反映了监军在各节镇中所拥有的独特的权力和地位。孟知祥刚到西川时，后唐庄宗李存勖曾经让宦官焦彦宾担任西川监军，李克用养子李嗣源继位为明宗后，诛杀宦官，罢免了监军一职。

但当时担任枢密使的权臣安重诲怀疑孟知祥有割据之心，焦彦宾被撤后，又重新派客省使李严赴西川继续担任西川监军。李严此前曾向朝廷献计讨伐西川，因而不为西川人所容。孟知祥顺应民心，在李严到达成都后以"方镇已罢监军"为借口，设计将他斩杀。李严被杀，在客观上收到了一箭三雕的效果：一是借此彻底摆脱了监军的控制，而这一行为又有"全国罢监军"的正当借口，因而"明宗不能诘"。这一举措，为消除掣肘，进一步在四川扩张实力赢得了先机。二是孟知祥在这件事情上的强硬态度，迫使明宗有所忌惮从而改变对西川的政策，由原来的孤立和镇压改为"以恩信怀之"，被扣押在太原的妻儿也被释放。孟知祥刚到西川任时，曾派人到太原迎家属入川，行进到凤翔时，凤翔节度使听说孟知祥杀了监军李严，以为孟知祥已谋反，于是将家属暂行扣押。但现在既然孟知祥杀李严的理由无可挑剔，明宗又已在无奈之下对孟知祥改用怀柔政策，只得"遣客省使李仁矩慰谕知祥"，并把孟知祥的妻子琼华公主及儿子孟昶等人送到西川。三是迫使后唐明宗放弃削弱自己的企图，同意孟知祥留任赵季良为节度副使的请求，从此"事无大小，皆与参决"，培植了亲信。事实表明，在后来孟知祥通往称帝过程的一系列关节点上，都是采纳了赵季良的建议。第一次是与董璋联合，并拒朝廷围剿，保住了西川。后唐明宗天成四年（929），朝廷试图用责令献钱的经济挤压和调兵围两川的军事围困，削弱东、西两川的实力。为突破朝廷围困，驻守东川的董璋提出以联姻方式与孟知祥合作，而孟知祥因为记恨董璋打算拒绝他的请求，后来在赵季良的苦劝下才决定与董联合共同抵御朝廷，迫使"明宗优诏慰谕之"。《孙子兵法》说：兵无常势，水无常形，要因敌变化，才能取胜。赵季良的劝告，使孟知祥避免了因为情绪化而可能带来的危险，躲过了被朝廷进剿的一劫，为后来打败董璋，拥有两川奠定了基础。第二次是抓住机遇，及时力劝称王。后唐明宗长兴二年（931），孟知祥终于打败东川董璋，独自拥有了东、西两川。赵季良又力劝孟知祥抓住机遇，及时"称王"。而此时的朝廷对两川独立的趋势显然已经无力阻挡，只得于长兴四年（933）二月"遣工部尚书卢文纪册封知祥为蜀王，而赵季良等五人皆拜节度使"。第三次是称帝。后唐明宗长兴五年（934）正月，赵季良见时机成熟，"上表陈符瑞，率百官劝进"，于是，孟知祥于当年"闰正月二十八日，遂僭即位"。由这些事实，可见赵季良的辅佐对于孟知祥走向成功的重大意义。

4. 得民心者得天下

张唐英《蜀梼杌》说："知祥好学问，性宽厚，抚民以仁惠，驭卒以恩威，接士大夫以礼。薨之日，蜀人甚哀之。"吴任臣《十国春秋》也说："知祥温厚知书，勇于乐善。"可见，孟知祥心怀仁厚，且具有较高的权衡、驾驭能力和正确的决策能力。在西川节度任上，重视经济、知人善任，为发展提供了雄厚的经济后盾和人才储备，使他在通往称霸的路上一次次越激流、涉险滩，力挽狂澜，转危为安。《蜀梼杌》站在正统的立场上，称孟知祥的称帝为"僭即位"。事实上，在群雄逐鹿的割据时代，原本无所谓正统与在野之分，较量的是经济政治实力与民心向背。孟子曾说"春秋无义战"，乱世中体现的是真正的"胜者为王"。孟知祥凭借着个人努力，在乱世中脱颖而出，其中除了凭借"驭卒恩威"的政治手腕与技巧外，根本上还在于"抚民"、"仁惠"的"得民心"。孟子说："得民心者得天下"（《孟子·离娄上》），在战乱与灾难的大环境下，孟知祥颠覆后唐的腐败政治，称霸一方，安定一方，这不就是儒家一向主张的权变吗？

（三）忠——孟琪：忠勤体国，疆土藩篱

儒家的理想是积极入世。刚健进取、自强不息作为强烈的内驱力，使儒者表现为一种强烈的建功立业的人生追求，

崇尚通过立德、立言、立功成就自我价值，实现治国平天下的社会理想。从孟子的与民同乐，到范仲淹的先天下之忧而忧、后天下之乐而乐，再到顾炎武的天下兴亡、匹夫有责，儒家形成了一以贯之的扶危救困，为国家安定和百姓安宁尽职尽责的人生理念和追求。

南宋时期，在金与蒙古的双重威胁和连年不断的烽火硝烟洗礼中，孟氏家族的另一个后裔孟珙凭借着特有的敏锐、智慧与果敢，从普通兵卒成长为威震华夏的抗金名将，在战火纷飞、血火交融的时代，展现了他的文韬武略和军事才华，也用行动诠释了儒家忠勤体国、经邦济世的人生追求。

孟珙一系作为孟氏家族的支裔，在孟氏家族大宗的《谱》、《志》中都没有记载。《宋史·孟珙传》也只从本支系的四世祖孟安记起。北宋灭亡后，孟安率领家族加入了岳飞的岳家军，由山西绛州徙居随州、枣阳（今属湖北）一带定居，之后不断繁衍，扩展至两湖、江浙一带，成为湖南安乡、桃园及浙江天台等孟氏支裔的始祖。孟珙的事迹在《宋史》和《元史》中有详细记载，尤其以《宋史》列传中的记载最详。

1. 枣阳之战，对决武仙

蒙古汗国是一个由逐水草而居的游牧民族建立的军事政

宋詔授四川安撫兼夔州節制特贈少師三贈至太師封吉國公諡忠襄孟珙像

宋帝贊曰 ^弗名將子忠勤體國破蔡滅金功績昭著

孟珙像

权，这决定了它具有极强的流动性和对外扩张性。世居北方
的女真族建立的金国，原是蒙古国的宗主国。各自的利害决
定，两国之间的矛盾始终不断。而恰当地利用他们彼此间的
固有矛盾发动反金战争，也就当然地成了逐渐强大起来的
蒙古实现对外扩张的第一步。于是，从1211—1214年短短
四年间，蒙古铁骑"所至郡邑，皆一鼓而下。自贞祐元年冬
十一月，至二年春正月，凡破九十余郡。所破无不残灭，两
河山东数千里，人民杀戮者几尽，所有金帛子女牛羊马畜
皆席卷而去，焚灭屋庐，而城郭亦丘墟矣"。金宣宗被迫迁
都（开封）求和。面对蒙古的进逼，金国内部在宋、金关系
上出现了主战与主和的分歧：主和派想联宋抗蒙，主战派则
欲南侵南宋以转嫁对蒙损失。最后，以术虎高琪为代表的主
战派掌控了政治，于1217年（南宋理宗嘉定十年）发动了
侵宋战争。孟珙正是在这场对决七年的宋金之战中脱颖而出
的。《宋史·孟珙传》记载了孟珙在这场战争中的非凡表现：
"嘉定十年，金人犯襄阳，驻团山，父宗政时为赵方将，以
兵御之。珙料其必窥樊城，献策宗政由罗家渡济河，宗政然
之。越翼日，诸军临渡布阵，金人果至，半渡伏发，歼其
半。"1219年，金将完颜讹可再次率步骑20万分两路攻枣
阳。初出茅庐的孟珙又奉父亲之命，间道偷袭金人，斩首千
余级，迫使金人逃走。孟珙因为在这一战役中的非凡表现，

171

升任下班祗应，这是他从普通士兵走上军事将领的第一步。

1232 年（南宋理宗绍定五年、金哀宗天兴元年），金、蒙三峰山之战，金军主力受到重挫，将帅完颜彝阵亡，恒山公武仙率领剩余从骑四十余人逃到了南阳留山。1233 年，金哀宗鉴于汴京残破，迁都蔡州，诏武仙勤王。武仙趁机制定了一个狂妄的计划——夺取南宋的四川为金国的长久立足之地。并于同年派武天锡进攻光化，想一举打通入蜀通道。当时，南宋在京湖战区有四支主力禁军，分别驻扎在襄阳、鄂州、江陵、江州。据守襄阳的正是孟珙率领的军队，他接到迎击的命令后，率军一鼓作气，攻城拔寨，斩首五千级，取得了巨大战功，为此被授以江陵府副都统制的职衔，并赐金带。之后，孟珙又凭借着对敌我形势的正确判断，移师吕堰和邓州，屡次大败武仙，迫使武仙北逃商州，意图据险而守。孟珙乘胜追击，破其据守的马镫山石穴九砦，再现了一场"李愬雪夜入蔡州"的军事奇观。《宋史·孟珙传》中形象地描述了这场惊心动魄的对决战："夜漏十刻，召文彬等受方略，明日攻石穴九砦。丙辰，蓐食启行，晨至石穴。时积雨未霁，文彬患之，珙曰：'此雪夜擒吴元济之时也。'策马直至石穴，分兵进攻，而以文彬往来给事。自寅至巳力战，九砦一时俱破，武仙走，追及于鲇鱼砦，仙望见，易服而遁。复战于银葫芦山，军又败，仙与五六骑奔。追之，隐不见，降其众七万人，获甲兵无算。还军襄阳，转修武郎、鄂州江陵府副都统制。"这场对决，彻底粉碎了武仙建都四川，等待时机顺流而下、合围南宋的企图。

2. 联蒙灭金，坚守襄樊

1233 年（南宋理宗绍定六年、金哀宗天兴二年）8 月，蒙古派王檝与南宋订立攻金盟约。双方约定灭金之后，将河南之地划归南宋。孟珙当时担任京湖制置司，接受了宋廷的命令，出兵联蒙灭金。清毕沅的《续资治通鉴·宋纪》记载了这次行动："冬十月，南宋孟珙、江海率师二万，运米三十万石，赴蒙古之约。"孟珙率军冲破金兵阻拦，进逼到蔡州城南构筑军事工事。1234 年（宋理宗端平元年、金哀宗天兴三年）正月初十清晨，宋军突破南城门，杀入蔡州，招蒙古军入城。经过一番激烈的巷战，金兵彻底失败，金哀宗自缢身亡。立国百年（1115—1234）的大金政权至此结束，南宋也因此一雪靖康之耻。孟珙以战功而擢升为武功郎、权侍卫马军行司职事、建康府都统制，驻军黄州。次年，宋理宗在临安召见了孟珙并称赞他"名将之子，忠勤体国，破蔡灭金，功绩昭著"。而孟珙则借机提出"愿陛下宽民力，蓄人材"以伺机收复国土，并提出坚决主战的主张。此次会见

"赐赉甚厚",孟珙兼任光州和黄州知州。1236 年（理宗端平三年）孟珙到任黄州，即招徕流民，"增埤浚隍"，加强黄州防务，为接下来黄州之战的胜利奠定了基础。

蒙古与南宋自 1234 年联合灭金后，双方开始正面冲突。当孟珙如约接收河南地区的三京（开封、洛阳、归德）时，蒙古却决黄河口以淹阻宋军，从此揭开了宋蒙正面冲突的序幕，原来的宋金对峙转变为宋蒙对峙。从 1235 年开始，蒙古窝阔台兵分两路进攻襄樊和川北。长江是宋、蒙对峙的天险，而长江下游的安全则取决于上游的两湖和四川的安全。顾祖禹在他写的历史地理著作《读史方舆纪要·湖广方舆纪要序》中谈起过湖广、四川军事地理位置的重要性："湖广之形胜，在武昌乎？在襄阳乎？抑在荆州乎？曰：以天下言之，则重在襄阳；以东南言之，则重在武昌；以湖广言之，则重在荆州。"顾祖禹指出了武昌、襄阳、刑州这三个军事重镇所具有的战略意义。在这三个重镇中，襄阳更是举足轻重。从中国地理大格局看，它借助于汉水和长江，东连吴会，西通巴蜀，是联结东西南北的重要枢纽。历史上，无论是东西之争，还是南北之战，襄阳都是兵家必争之地。曹操、符坚、拓跋宏都曾试图争襄阳而图江南。宋与蒙古的对峙，这里自然也是首当其冲的战场。《宋史·孟珙传》也详细地记载了孟珙指挥的这次非凡战役的胜利："大元兵分两路：一攻复州，一在枝江监利县编筏窥江。珙变易旌旗服色，循环往来，夜则列炬照江，数十里相接。又遣外弟赵武等共战，躬往节度，破砦二十有四，还民二万。"因为这场战役的胜利，孟珙被封为"随县男，擢高州刺史，忠州团练使兼知江陵府、京西湖北安抚副使。未几，授鄂州诸军都统制"。1237 年 10 月，蒙古大将口温不花和张柔率主力进攻黄州，"珙入城，军民喜曰：'吾父来矣。'驻帐城楼，指画战守，卒全其城，斩逗留者四十有九人以徇。御笔以战功赏将士，特赐珙金碗，珙益以白金五十两赐之诸将。将士弥月苦战，病伤者相属，珙遣医视疗，士皆感泣"。(《宋史·孟珙传》)襄樊、黄州保卫战持续半年之久，孟珙率军几度移师，一再扭转危局。因功授枢密副都承旨、京西湖北路安抚制置使兼知岳州。至此，孟珙已经由一个普通士兵成长为南宋对蒙战场的主帅。

京湖战局缓解后，孟珙又移师四川。至 1240 年，五年来屡遭蒙古侵扰的四川终摆脱困境。孟珙因功再授宁武军节度使、四川宣抚使兼知夔州。

3.积极防御，藩篱三层

半壁江山的南宋王朝以苟安江南为满足，再加上客观上长期冗官冗兵造成的政治军事的孱弱，致使其在与金、蒙的战和中，习惯于保持消极防御的态势。在这种情况下，宋对金、蒙防御战的胜负，取决于如何实施有效的防御策略，建立稳固地防御体系。孟珙在长期战和中，总结了一整套行之有效的防御体系。从现实效果上看，这些防御体系的应用，作为南宋偏安江南的军事防御依托，对国土的保障和政权的稳定的确起到了重要作用。孟珙的防御体系主要包含两个方面。

一是重视经济建设。经济实力是决定战争胜负的基础，这在中国古代军事理论和军事实践上都不乏典型案例。《孙子兵法》曾把战争对经济的依赖比喻为"兴师十万，日费千金"，《管子》也说："有蓄积，则久而不匮。"所以历史上，深悟《孙子兵法》的曹操在东汉末年"天下乱离，民弃农业，诸军并起，率乏粮谷"的情况下，兴许下屯田，"所在积谷，仓廪皆满。故操征伐四方，无运粮之劳，遂能兼并群雄"。南宋拘处东南，政局动荡，在惨淡的局面下，孟珙提出"不择险要立砦栅，则难责兵以卫民；不集流离安耕种，则难责民以养兵"的经济和军事建设思想。他把这一思想贯彻到军事实践中，主要在以下三个方面作出努力：其一，绍定元年，在接管父亲孟宗政生前所建的"忠顺军"后，大力推行军屯和养马，"建通天槽八十有三丈，溉田十万顷，立十庄三辖，使军民分屯，是年收十五万石"，收效明显；其二，在对决武仙的战役中，对"归附之人"，"因其乡土而使之耕，因其人民而立之长，少壮籍为军，俾自耕自守，才能者分以土地，任以职使，各招其徒以杀其势"，使敌方力量迅速转化为我方经济和军事方面的有生力量；其三，在兼夔路制置大使而军无宿储的情况下"大兴屯田，调夫筑堰，募农给种，首秭归，尾汉口，为屯二十，为庄百七十，为顷十八万八千二百八十"。孟珙以"立砦栅"与"安耕种"相辅成，招徕降者自耕自守的经济防御政策，成为南宋在战乱国弱状况下与金、蒙持久抗衡，守住半壁江山的凭借和资本。

二是以两湖为重点构筑完整的军事防御体系。从地理形势上看，两湖控扼长江中游，是联系长江上、下游的枢纽。而对抗金、蒙北方，关键又在两湖，特别是襄阳、武昌、江陵，因为地处两湖中心，历来是兵家必争之地。历史上，立足东南的政权，无不以荆襄为上游屏障。三国时期，荆州名士蒯越就曾建议刘表"南据江陵，北守襄阳，荆州八郡可传檄而定"，诸葛亮在隆中对策中也曾说"荆州北据汉、沔，利尽南海，东连吴会，西通巴、蜀"，为"用武之国"。南宋迁都临安，两湖成为扼守朝廷的门户，而地处两湖中心的襄陵自然便成为宋、蒙争夺的主战场。端平三年（1236）三月，王旻以襄阳降蒙古，宋廷上下大为震惊，左司谏李宗勉上书理宗："襄阳失，则江陵危；江陵危，则长江之险不足恃。……江陵或不守，则事迫势蹙，必有危亡之忧。"其后，蒙古军果然连陷随州、郢州（今钟祥）、枣阳、德安（今安陆），并围攻江陵，一时间大有席卷江汉之势。理宗嘉熙二年（1238），孟珙临危受命，驰赴江陵，"与蒙古三战，遂复信阳军及樊城襄阳，寻又复光化军"，收复失地。当年三月，孟珙上书朝廷，建议川、桂为辅翼，加强襄阳防御的"藩篱三层"之策："创制副司及移关外都统一军于夔，任涪南以下江面之责，为第一层；备鼎、澧为第二层；备辰、沅、靖、桂为第三层。"以川东的涪州、万州为第一层；以湘西北的鼎州、澧州为第二层；以湘西南的辰、靖及广西的桂州为第三层。三层防御环环相扣，再强化僻远的云南，辅翼两湖。孟珙的军事防御布局预见到了蒙古军以川、桂、滇为外围主攻两湖的军事攻略。但这一防御策略并没得到南宋朝廷的支持，1246 年，孟珙在"三十年收拾中原人，今志不克伸"的绝望长叹中抱憾而逝。孟珙去世后，蒙古蒙哥汗、忽必烈正是沿着孟珙的防御思路长驱直入：1253 年，蒙古兵分三路，从宁夏经甘肃入四川，进攻大理国，同年 12 月大理国灭亡；1257 年留守云南的兀良哈台灭安南，蒙古完成了对南宋的战略包围。同年，蒙哥汗对南宋发起全面进攻：蒙哥汗攻四川，忽必烈攻鄂州（武昌），兀良哈台自安南回攻广西、湖南，进而北上与忽必烈会师鄂州。所幸此次进攻因蒙哥汗死于军中，蒙古内争而中辍。1264年，忽必烈登上蒙古汗位，移都燕京以谋求南进，接纳谋士杜瑛、郭侃建言，于1267年命都元帅阿术等主攻襄樊。襄樊保卫战打得艰苦卓绝，守军多次请求朝廷援助无果。1273年，襄樊失守，南宋门户洞开。忽必烈接受阿里海牙建议，用少数兵力牵制四川及两淮，主力则沿汉水攻鄂州，再顺长江东下临安，一路势如破竹。宋廷沿福建、广东沿海一路奔逃。1279年，陆秀夫抱幼主投海，南宋灭亡。

4. 江山难保，忠心可鉴

应该说，南宋灭亡的根本原因在于腐败的政治，在宋蒙对峙的40年中，相继在任的理宗、度宗沉溺声色，奸臣贾似道擅政，朝政黑暗。所以，从本质上看，宋、蒙之间的较量，南宋败局已定。但单纯从军事上看，襄樊的失守无疑导致了南宋的加速灭亡，证实了两湖对于南北对峙的重要，也充分证明了孟珙防御体系的英明。

孟珙虽竭尽全力，终不能保腐朽的南宋半壁江山。但即便如此，作为孟氏后裔的孟珙，仍然以一生努力很好地践行了儒家忠勤体国、保民安疆的理想信念。《宋史·孟珙传》盛赞孟珙"远货色，绝滋味"，"忠君体国之念，可贯金石"。值得注意的是，《宋史》为元朝所编，作为与孟珙疆场博弈30年的敌对方，竟能对孟珙的行为作出如此评价，可见孟珙的才华与操守的确值得敬佩。

（四）智——孟广均：东鲁春风，吾与曾点

清朝经过顺治、康熙的励精图治，到乾隆时期统治达到顶峰，这就是史学界常说的"康乾盛世"。但是，就像孟子所说的"生于忧患而死于安乐"（《孟子·告子下》），承平日久的大清王朝，在长期的和平生活中消磨了意志，滋生了腐败。从乾隆后期到嘉庆、道光年间，大清统治开始出现衰兆：从中央看，皇帝好大喜功、穷兵黩武耗尽了国库积蓄；官吏奢侈骄怠、贪污成风导致吏治的败坏。从地方看，官吏因循苟且、加紧搜刮，导致了土地兼并与矛盾激烈。整个大清在上下封闭自大、贪奢淫靡中走向危机。与此同时，民间以反清为宗旨的秘密结社日渐活跃，武装起义此起彼伏。嘉庆元年（1796）爆发的白莲教起义，持续了九年才被镇压下去。嘉庆十八年（1813）的天理教起义甚至一度攻入皇宫，

成为清朝统治由盛转衰的标志。孟子第七十代孙孟广均就是
在这样动荡、飘摇的政治环境下，历嘉庆、道光、咸丰、同
治四朝，主持孟子家族事务 38 年。

孟广均字京华（另字胥霈），号雨山（又号铁樵、金
石花竹主人），生于清嘉庆五年（1800），卒于同治九年
（1870），是孟子第六十九代嫡孙孟继烺的独生儿子，世袭翰
林院五经博士。

据万青黎的《孟雨山先生墓志铭》记载，少年时代的孟
广均就表现出了"性纯笃、尤聪颖、博闻强记"的聪慧品质，
因而深受家族和乡里喜爱。父亲孟继烺承续孟氏家族的重
教传统，从 6 岁时就为他聘请了私塾先生进行启蒙教育。20
岁加冠成年之后，孟广均又带着家族的殷切厚望，进入邹县
的"圣书院"学习《诗经》、《论语》、《大学》、《中庸》、《孟子》
等儒家经典。靠着他的聪慧，不仅通晓了儒家义理，而且诗
词、歌赋、书法无不精通。道光三年（1823），23 岁的孟广
均随父进京参加临雍大典，一睹京师繁花，开阔了视野，扩
展了胸襟。从此后，他立志发愤苦学，争取通过科举及第一
展"凤具非常质，堪为巨室材"的抱负，担负起儒家修齐治
平的历史使命。五年之后（道光八年，1328），学有所成的
孟广均应乡里推选，参加乡试，中为举人。榜上有名的孟广
均似乎看到了自己扬帆远航的美好前景，但事与愿违，在大

清从一片繁华走向腐朽没落的大环境下，父亲又疾病缠身，这一切使得孟广均在理性与情感的权衡中无奈放弃入仕理想。道光十年（1830），孟继烺病逝。两年后（道光十二年，1832），孟广均奉旨承袭翰林院五经博士，从治国平天下的远大志向重新折回到修身齐家。

1. 齐家：借政治庇护致力家族发展

年轻的孟广均承袭了孟氏翰林院五经博士的世职，但是刚继任的他，面对的是府庙颓废、林墓荒芜的破败。因此，他在继任后，集十年之力，借助于官私捐赠，戮力经营，逐一修葺了孟林、孟庙、孟母断机堂和孟府。今天，我们透过他撰写的《重修断机堂记》中"仰瞻庙貌，不蔽风雨。谨奉神暂移于致严堂。阅夏逮秋，自输资财，竭力修葺"的记述，还可窥见其承续圣学、维系家族的惓惓用心。我们从他的《捐廉修葺亚圣孟子庙银两已未完工程易钱工料支销总目》及《亚圣孟子庙捐修记德碑》等碑记中也可领略到当年修葺工程之浩大，感受到"今功将及半而资用告匮，广均复贷钱千余缗继之亦无能为役"的财力困顿与成功的甘苦。正是孟广均的努力，才成就了今天我们所见到的孟子府庙的基本规模和格局。

与修葺府庙林墓的同时，孟广均还为孟氏家族子弟的教育问题操劳和努力着。孟氏家族子弟一直是通过参与四氏学接受教育的。但是，一方面到清朝中期，家族人口增加较多，而四氏学接纳的受教对象有限，参与四氏学并不能解决孟氏家族所有子弟的教育问题；另一方面，四氏学是高级教育，进入四氏学要进行初级考试，受经济状况和其他种种原因制约，家族内部各自为政聘请私塾教师，显然捉襟见肘仍满足不了越来越多的家族子弟需求。鉴于这种情况，从孟广均的父亲孟继烺任五经博士时，就曾决定在家族内部再建家族私学。但是因为老病，这一努力在孟广均继任五经博士之后才得以真正付诸实施。因为有了父亲在职时的前期筹备，所以在孟广均继任五经博士的当年，即道光十二年（1832），孟氏家学三迁书院便很快成立了。三迁书院成立后，孟广均还从繁杂的家务事情中拨冗亲自参与书院的教学与管理。他在亲自为子弟讲学的同时，也聘请族内有学行威望者到书院执教。三迁书院的教学宗旨主要是培养家族子弟"幼闻祖训，修德立行"。在他的努力下，三迁书院在子弟教育上的确取得了不小的成效。相关情况已见前述。

家族存续靠的是子弟教育，然而，家谱修撰是家族存续的另一个重要的维系手段。孟氏家志自明代从《孔颜孟三氏志》中独立成为本家族的《三迁志》，历明、清两代相沿不

辍。到孟广均继任翰博时，上距最后一次编孟子家志，即清
世宗雍正本《三迁志》，又经历了乾、嘉、道三朝逾百年的
发展变迁，期间孟氏家族屡受恩宠，正像孟广均在《重纂
三迁志·序》中所说的："崇儒重道，旷古未有"，然而"孟
子适丁家难垂二十年，主鬯乏人，事迹故多失载"。尤其是，
孟氏家族作为垂两千年儒学文化的现实性代表，它的存续问
题显然早已超越了家族个人问题而上升到国家文化象征的
范畴，正像马星翼在《重纂三迁志·跋》中所写的："孟氏
志则非一家之书，乃天下所共见，后世所共观。"家族与国
家文化存续的双重责任，促使孟广均在继任后的第四年，即
道光十五年（1835），在家族事务繁忙之余，力邀邹县举人
马星冀整理孟氏志书，增订续修《三迁志》。重纂志稿以雍
正本为基础，增补了雍正、乾隆、嘉庆三者孟氏家族大量史
料。但是，由于忙于林庙修缮，再加上连年农民起义下环境
的动荡不安，家志初稿的审阅和进一步修订被迫搁浅，直
到1870年孟广均去世也没能刊行。尽管如此，后来陈锦等
重新续订的光绪本《三迁志》之所以能于光绪十三年正式刊
印，正是因为有孟广均前期的奠基工作，我们从光绪本《三
迁志》的文句考释可以领略到当年孟广均的心血付出。

　　孟氏族谱的另一个系列是《孟子世家谱》。《孟子世家谱》
作为孟氏家族最古老的族谱，自北宋神宗元丰年间由孟子

四十五代孙孟宁"缀辑遗谱"而成新谱后，历经金、明、清的多次修撰已传承有年，是孟氏家族主要的存世谱系。1864年，已入花甲之年的孟广均越发感觉到自己的垂垂老矣和家族事务的紧迫，家谱的续修迫在眉睫。事不宜迟，孟广均召集儿子孟昭铨并族人孟传琦、孟继仲等，又动员了三迁书院的三十余生徒，即刻全力以赴着手修撰家谱。经过一番辛勤努力，一部体例完善、内容翔实的新家谱于次年 8 月顺利完成。谱成之日，孟广均率全族到孟庙在盛大的祭祖仪式后，将家谱按族规分发给了各支族长户头。这部倾注了孟广均无数心血的清穆宗同治本《孟子世家谱》，成为保存至今最为完备的孟氏家族谱牒。

2. 修身：逃避乱世志于金石收藏

《论语·先进》篇有一段孔子和弟子闲谈志向的记载。孔子闲坐，问及弟子理想，子路、冉有、公西华各自慷慨陈词，提出了或富国、或强兵、或礼乐、或从政的人生理想。而曾暂的回答却是："渴望在一个杨柳依依的春天，阳光灿料，春风和煦，在一片祥和安宁的氛围中，与朋友相邀，沐于沂水中，舞于祭坛上，然后唱着欢快地歌回到温馨的家。"这一美好、祥和而幸福的情景描绘，引起了孔子的共鸣，孔

子不由得感慨地说："好啊，这也是我的人生理想啊！"

后来，有人怀疑这段记载，认为这不合积极奋发的儒家追求，而更合于崇尚逍遥人生的道家理想，认为只有道家才会有濠上羡鱼、濮水垂钓那般追求个人生命愉悦、向往轻松快乐诗意逍遥的生存观。其实，儒家和道家作为共生于中国文化土壤的两个学派，在人生的终极关怀上是相通的。儒家的"达则兼济天下，穷则独善其身"《孟子·尽心上》，与道家的"得其时则驾，不得其时则蓬累而行"（《道德经》第五十七章）在个人人生的终极目标上实际走向了高度的契合。

天下有道则行、无道则隐，既是古代知识分子在政治上共有的认同感和无奈选择，也是他们在个人人生修养上的至高境界。正是这一人生境界追求，成就了儒、道"东鲁春风吾与点，南华秋水我知鱼"的历史佳话。我们从后来朱熹的解说可以窥见后儒对这一点的认同，朱熹在《伦语集注》卷六中说："曾点之学，盖有以见夫人欲尽处。天理流行，随处充满，无少欠缺。故其动静之际，从容如此。而其言志，则又不过即其所居之位，乐其日用之常。初无舍己为人之意，而其胸次悠然，直与天地万物上下同流、各得其所之妙，隐然自见于言外。视三子之规规于事为之末者，其气象不侔矣，故夫子叹息而深许之。"个人能力、社会环境的限制,决定了治国安邦的伟大理想,并非每人、每时都可以实现。然而,对于每一个人的幸福,还是"直与天地万物上下同流,各得其所"、"动静之际,从容如此"来得更恰切。当客观条件和环境真的达不到时,作为个人快乐生存,便是沐于沂上、篷累而行的洒脱,这也就是佛教禅宗所说的"青青翠竹,尽是法身;郁郁黄花,无非般若"。与其在环境昏暗、前途窘迫下汲汲于名利,心为形役、身为物累,不如与自然和谐融洽,超越现实、随缘迁化而心旷神怡。这种人生智慧是儒、道圣贤在那个战乱纷争的动荡年代中,共同在痛苦磨砺中形成的自觉觉他、圆融自洽的人生观和大智慧。王阳明在《传习录》中所说的"一切纷嚣俗染不足以累其心,真有凤凰千仞之意,一克念即圣人矣",正是对这一人生大智慧的真切体认。

在这一点上,孟广均的生存状态正是儒家生存观的实践体现。当时,从大处看有清朝渐行衰落的环境,从小处看是家族的颓败与父亲的老病。作为孟氏子孙,明智的选择只能是收回梦想、顺势而为,回归现实。但放弃治国安邦的宏图,并不等于个人生命价值的消解。齐家之外,逍遥人生、快乐生存依然是儒家的人生追求。这是儒者之智,也是孟广均之智。所以,孟广均在修缮家园、整饬家族的同时,自以"铁樵"、"金石花竹主人"为雅号,致力于金石收藏,与朋友共享金石鉴赏的快乐，也不失为个人的人生睿智。而这一智慧抉择，又成就了他孟府金石文物收藏的一段佳话。

孟广均于道光年间购得清乾隆四十四年（1779）桂馥为颜运生所题"十长物斋"的墨迹，并当即请挚友马星翼鉴赏题字，文为：

> 雨山博士雅好金石古器，收藏砚瓦，适购得桂谷书"十长物斋"一幅，为颜运生作也。闲出以示翼日。阁下所著当与之埒，即为数之，长乘马币一、周叔子盘二、葛父鬲三、周鼎四、邾子辟五、汉瓦当六、新天凤碣七、后汉骑部曲将印八、建安铁瓦砚九、明蕉叶白砚十。数正相当，即以是为阁下题斋可也。

孟广均收藏的上述十件古物，历经岁月沧桑，至今仅有三件留存下来，它们是：汉天凤碣（即茅子侯刻石）、建安铁瓦砚和明蕉叶白砚。这些实物及刻于其上的文字，不仅为后人研究汉代和明代书法文化提供了依据，也成为孟府文化底蕴的代表和象征。

汉天凤碣，又别名为《莱子侯封田刻石》、《莱子侯封冢记》、《天凤刻石》、《莱子侯赡族戒石》等。最早是颜逢甲和朋友于清嘉庆丁丑年（1817）游邹县卧虎山时，在山前偶然

十长物斋之一：莱子侯刻石

发现的。在天然青石上竖刻有隶书七行三十五字："始建国天凤三年二月十三日，莱子侯为支人，为封，使诸子食等，用百余人，后子孙毋坏败。"文字中的"天凤"是西汉末王莽年号，天凤三年为公元 16 年。可见，这块刻石虽然暴露于风雨中近两千年，却因为石质坚硬，到发现时仍然字迹清晰，极少风化剥蚀。《莱子侯刻石》的价值，除了内容的史学意义外，更在于它的文字学价值。虽然至今关于刻石的真伪和文字价值还有不同看法，但文字的形制特点反映了汉代文字的发展演变过程。从历史上看，秦朝的"书同文"，实现了汉字字形的规范化。东汉许慎《说文解字》的编写，就标志着汉字造字时代的结束。此后，文字发展的重点开始由汉字的创制转向字形的完美，汉字发展由字学时代进入书学时代，书法意义也就此凸显。汉代政治的一统和经济的发展，为文化的发展提供了基础。再加上西汉政府重视文字规范化书写对书法艺术的刺激，我国两汉时期的书法圆满实现了由篆而隶的转变，这一转变过程到东汉最终完成。而这块西汉末新莽天凤三年的《莱子侯刻石》在书法写作技巧上所表现出的苍劲古拙与隶中有篆，正好展现了这一发展历程，为后人了解汉代汉字由篆而隶的演变过程及其规律提供了重要参照。

建安铁瓦砚又称"汉瓦砚"，是一块长方形板瓦状砚台。

正面刻一葫芦形墨池，左右上角阴刻有篆文砚铭："惟天降灵，锡戍曹碎，值时精明，遇人而出"和"惜彼陶瓦，以古器贾，翰墨是封，以彰以述"。墨池两侧则阴刻楷书联句："为爱陶瓦之质，宜加即墨之封。"墨池下方竖刻十一行楷书小字，大意解说了这块砚台的来历。瓦砚背面阳文隶书："建安十五年"，字的上方有一古货泉图案，下方为一回首卧鹿。从瓦砚的文字分析，这块瓦砚应该是在东汉最后一个皇帝汉献帝建安十五年（211）制作成的。大概收藏者于明太祖朱元璋洪武辛未年（1371）于安阳漳河之滨获得。这块瓦砚砚面色如黑漆，质地平润、细腻，属瓦砚中的上品。虽然这块砚台是否如某些人所说为明代人的仿作，还有待进一步研究，但精良的质地及罕见的阳刻年代，毫无疑问地显示着它非同寻常的价值。

明蕉叶白砚，是端砚中的上品，因石质坚润，纹理间有如蕉叶状纯白片而得名。孟广均收藏的这方明蕉叶白砚，表面呈暗红色，砚上部以高浮雕镌刻一幅"夏夜纳凉图"。整个画幅展现为一个庭院，庭院正中央书床上有一手持羽扇的斜倚老者，老者左侧有一位执扇扇风的童子。书床旁的一方形案几上有几帙线装古书，左侧有假山，山石上阴刻行书："崇祯壬申秋七月仿宋锦衣卫指挥使之法。宗周"，中侧有茅亭，与院内青松翠柏、古桐芭蕉相映成趣，营造出了一种自

十长物斋之一：仿汉瓦砚

然、安宁、祥和的生活文化氛围。砚池两侧篆书对联："窗虚不碍经澹日，地静偏留扫叶风。茉堂朱为弼"。砚两侧有刘墉行书题文："百文奇音，在鲁庸听，警言妙响，逸之大扬。凡识知其绝群，则伯英不足称。食召闲可当也。唐人以为乡宿之风，所见大斋，聊浅识所到，但学书日坏，即此已罕，有能学之。石庵。"砚的背面阳刻着清代书法家包世臣的诗句："窗含远树通书幌，风飐残花落砚池。嘉庆辛酉清和月下浣安吴包世臣"，上有启首章"御赐"二字。砚质细腻润滑，实为端砚上品。从假山刻文判断，此砚当刻制于明末思宗崇祯五年（1632）。虽然"宗周"是谁已经无法弄清楚，但砚台的制作与图案雕刻，反映的是明代端砚的制作风格。而刻在砚上的多处砚铭，则成了清代乾、嘉、道时期三大政治家、书家朱为弼、刘墉、包世臣为人操守、文化修养与书法特色的展示平台。在这里，砚台的文化学意义显然已经远胜于它本身的实用价值。

（五）信——孟雒川：瑞蚨吉祥，儒商传奇

清末民初，以孟雒川为代表的章丘旧军孟氏商业企业的辉煌，是孟氏后裔实践儒家诚信理念取得巨大商业成功的代

表。孟雒川和他的"祥"字号企业，在那段特殊的艰难岁月中造就了一段被历史永远铭记的儒商传奇。

章丘旧军的前身是猇城。西汉武帝时，刘起受封到旧军为猇节侯。传了五世，侯国被废，改为猇县。隋代开皇年间正式隶属于章丘县。北宋神宗熙宁二年（1069），又设旧清平军镇（简称旧军镇），管辖南、北孟家寨等六个自然村。20世纪中期，又废镇为村，隶属刁镇。历史上，旧军地理位置优越，南近白云河，北接平原，有五谷鱼虾之丰，宜于农商。北宋初年开凿的运粮河由镇西径流向北，小清河又从镇中东西穿过，再加上平坦的大路与县治、省城相通，水路两运便利，到清康、雍、乾时期，已是物阜民殷，商贾云集，"世族名流，毂击肩摩"，遂有"小济南"之称。章丘旧军孟氏，作为孟氏后裔的一支，于明代迁徙至此，在优越的自然地理环境中，从艰难起步而发展壮大。

1. 脱离孟氏大宗，徙居旧军与家族商业发展

在中国长期的政治变迁与历史动荡中，孟氏嫡裔子孙始终坚守邹城旧居，成就了孟氏大宗的地位。其余子孙则不断因为种种自然或人为的因素流徙外迁。这些迁徙到外地的孟氏后裔，成了孟氏后代流寓各地的分支。而其中的一支，从

瑞蚨祥创始人孟雏川

孟子五十五代孙孟子位、孟子伦兄弟开始，经过五十六代孟希贤、六十一代孟宏宽等几代的连续努力，从明太祖洪武二年（1369）陆续转辗迁徙到了章丘旧军镇。

旧军孟氏从始迁时"垦草莱，营庐室"的耕读之家，至明中叶以贩卖章丘辛寨土布而涉足商业。至清高宗乾隆年间，逐步由行商而坐贾，并陆续在周村、济南、北京、天津、保定、汉口等地开设"祥"字号店铺（庆祥、瑞蚨祥、瑞生祥、瑞增祥、瑞林祥、隆祥、益和祥、谦祥益，号称"华北八大祥"），一步步由农而商逐渐发展起来。到清仁宗嘉庆年间，旧军孟家已经是府邸堂皇、田连阡陌、富甲一方的名门望族了。

脱离孟氏大宗的章丘旧军孟氏，在家族发展上也逐渐疏离了传承儒学的政治和文化使命，由圣贤家族回归到大多数普通家族的发展轨道上来。退掉政治光环的旧军孟氏家族，首先面对的是与普通家族相同的生存问题。这一现实蜕变，使这个孟氏分支在家风习染上也趋同于普通家族，即以耕读传家求得生存，通过经商发家，再用经济实力实现与政治的"联姻"，从而为家族的壮大和永续发展积累资本。作为孟氏分支家族，虽然远离了政府的直接护佑，但作为圣贤家族后裔，却保留了对儒家诚信做人理念的独特理解。而对儒家诚信理念的重视与继承，成为家族在艰难动荡的时局中立足社会并不断发展壮大，达至最终辉煌的重要原因。

2. 践行儒学，利以义取——旧军孟氏商业成功之道

作为孟氏分支，虽然已不再肩负着孟氏大宗附庸政治、传承儒学的特殊使命，但源远流长的孟母教子的家族古训，依然继续在旧军孟氏的家族教育中传承。孟雒川的母亲高氏出身望族，继承了孟氏家族重视母教的传统，很小的时候就为他聘请了章丘名儒李青函作为家庭教师，传授儒经。事实证明，正是这些严格的儒家诚信教育，最终成就了一代儒商，把旧军孟氏商业带入了辉煌。

孟雒川 18 岁接手家族企业后，凭借特有的雄才大略、严格的管理手段和儒家诚信的经营理念，在旧军孟家各堂号中异军突起，成为旧军孟氏商业的代表。1893 年，他将济南西关的"瑞蚨祥"拓展到北京和烟台，主营绸缎百货。靠着经营有方，到 1924 年，他经营的瑞蚨祥、泉祥等"祥"字号商号，已经遍布京、沪、津、济、青、烟等全国多个大中城市。1934 年各地共有分号二十四家，从业人员一千余人，成为声誉齐鲁、名扬海右的"金融巨头"和民族商业资本家。

"瑞蚨祥"商号的名称，取意于晋代干宝《搜神记》中

记载的"青蚨还钱"的故事。故事说的是：南方有一种形似蝉而略大的奇特昆虫，名叫"蠼螋"，或"蚎蠋"，也叫"青蚨"。青蚨在草叶上生子，若有人取其子，则母不管远近就会立即飞回到子的身边。若将母血和子血分别涂到不同的钱币上，因为母、子不分离，所以购物付钱后，两种钱币都会飞回，如此轮转不休。这个故事寓意购物而钱不减少，是一种商业资本积累的美好向往。"青蚨还钱"只不过是一种神话传说，寄托了一种家族商业发达的梦想，在现实中当然不可能出现。但是，旧军孟氏的瑞蚨祥商业的确成功了，直到近代，民间还广泛地流传着"山西康百万，山东袁子兰，两个财神爷加起来赶不上一个孟雒川"的谚语。京津一带的"祥"字号几乎垄断了华北乃至中国北方以纺织品为主的大宗商品交易，时人号称"华北八大祥"。当然，这种家族商业的成功，与所谓"青蚨还钱"的吉祥名称并没有什么关系。它的成功，除了得益于孟雒川开拓创新、严格又不乏灵活的商业经营外，最重要的还在于他继承家学，秉承儒家诚信的经营之道和融经商与业儒为一体的人本管理理念。这样的经营管理理念主要包含了以下三点。

一是强化管理，重视人本。孟氏企业在长期实践的基础上形成了纵向层级和横向分工相结合的严密的网络式管理体系。

纵向上，孟雒川作为孟氏企业的决策者，以企业最高管理者的角色身份，集企业所有人事和财务大权于一身。以下管理系统分为三个层级：全局是最高管理层，全局总理作为孟雒川的商业助手，负责协调各店事务；地区是中间管理层，地区经理一般由本地区总店经理兼任，设于诸如北京、天津、济南等有连锁分店的大城市，负责处理和协调各分店事宜；商号是基础管理层，每一个商号（分店）也都是由包括经理、副理和柜头在内的管理者，和包括普通伙计、学徒及后勤杂役在内的被管理者共同组成的具有相对自足性的经营体系。

横向上，整个企业系统又依据职责不同实行分区管理。在现代企业管理中有一种"七S构型"理论，所谓"七S构型"指的是企业管理中的七个重要的部分，包括战略、结构、制度、人员、才能、风格和崇高目标。其中前三项是对设备、制度等"硬"要素的管理，称硬管理；后四项是对人这一"软"要素的管理，称软管理。硬管理注重科学性；软管理注重人文性。瑞蚨祥管理的成功，正是重视对"人"的软管理的结果，包括重视严格而完整的人才选拔、培养机制，以及人性化管理和激励机制。

科学性与人文性是企业管理的两大要件，瑞蚨祥的管理和激励机制体现了规范化和人性化的双重特点。在企业职员选拔的条件上要求极为严格，除重视诸如出身、长相、举止等外在要素外，更注重内在品行。职员录用程序也非常严格，一般要经过经理或掌柜保荐，再依次由本店经理、地区经理、全局经理验看，最后交由资方（东家）审查定夺。录用后要正式上岗还要经过谢情、分派、入店等程序。走进瑞蚨祥各店，都可以看到迎面挂在墙上"修身"和"践言"的座右铭。"修身"取自《大学》："欲治其国者先齐其家，欲齐其家者先修其身，欲修其身者先正其心"，告诫人们以正心、修身作为立身处世、齐家治国的基础。而儒家的这一修养功夫，在商业上则重在提醒业主商业经营虽然在于谋利，但不可违离诚实做人、诚恳待人的做人原则。"践言"则是要求职员把"修身"功夫切实付诸实践，言行一致，知行合一。瑞蚨祥各商铺还都制定了教人认真做事、老实做人、遵纪守法，诚实守信、团结互助的铺规，并且用宣纸红格毛笔正楷书写，悬挂在饭厅正面的墙上，以敦促店员铭记于心并严格执行。

同时，孟氏企业还采用了包括工资和职位在内的人性化的双重激励机制。毫无疑问，物质利益是人生存的第一需求。从根本上说，企业职工努力工作的目的首先在于求取利益。所以，合理的分配制度是职工工作积极性的内在动力。瑞蚨祥通过将职员业绩、职位与实际收入有效结合，资方与经营者以七／三成分利，管理人员实行股权激励，以"顶本"和"红利"等利润分配方式，实现了企业赢利与管理者利益

的统一。职工工资除定额的月薪或年薪（束金）外，还有不
定额的馈送（临时奖励）、福利（实物工资）等多种获利途
径。与经济激励相对应的还有职位激励，而职位高低的最终
体现仍是经济收入。职位的升降依据德行、工龄、能力、业
绩等几个方面的综合考察，由总经理报资方最后决定。资方
对总经理的信任、依重，以及对普通职员以探亲路费、节假
酒宴、婚丧馈赠、娱乐补助等方式的多方照顾和优礼，都体
现了企业对职员的人格尊重和人文关怀。

　　二是诚实守信，利以义取。诚信是儒家的思想本质，是
儒家创立者孔子寄希望于纠正礼崩乐坏、恢复社会秩序的信
念和手段。从孔子《论语》贯穿的"忠""恕"之道，到子思
《中庸》的"诚者，天之道也；诚之者，人之道"和孟子的"诚
者，天之道也；思诚者，人之道也"（《孟子·离娄上》），孔、
孟前赴后继，把"诚"从宇宙天道落实到社会人道，把"诚"
视为人生最真实无妄的处世品德和崇高理念。而"信"作为
孔子"恭、宽、信、敏、惠"（《论语·阳货》）仁学体系的组
成部分，同样被纳入儒家最高道德范畴。《论语》中38次提
到"信"字，从日常行为的"言忠信，行笃敬"（《论语·卫
灵公》），到朋友之交的不可"不信"（《论语·学而》），以至
国家政治的"谨而信，泛爱众"，"道千乘之国，敬事而信"
（《论语·学而》）。孔子把"信"的核心定义为，行为主体的

"诚实不欺"和行为客体的"信任"、"相信"。商业是追求利益的行为，孟子的义利之辨，已经清楚地揭示了在利益获取中坚守诚信的重要。所以，《孔子家语·相鲁》有"卖羊豚者不加饰"，《孟子·滕文公上》有"虽使五尺之童适市，莫之或欺"的记载。儒家为以求利为目的的商业行为提供了诚信至上、童叟无欺的道德规范，通过约束商业行为的唯利是图、欺诈奸宄，提高社会信誉，降低交易风险，以此求得商业的成功。现在，虽然对于"儒商"的内涵还有不同的看法，但在"以儒家诚信观念和价值取向作为商业理念和道德规范，从事商业活动的行为者"这一点上看法基本是一致的。

以孟雒川为代表的旧军孟氏家族，将儒家诚信理念内化为以诚实守信为核心的儒商精神，并把它贯彻到了家族商业经营的行为当中。这种儒商精神的主要表现是：以货真价实、服务周到和经世济民的商业作风展现儒家诚信为本、童叟无欺、以义取利的儒者风范，和在坚持货物高端、定机、自染色布和礼貌服务等方面的一丝不苟。这里，所谓"高端"是瑞蚨祥靠着雄厚的资金优势，以货物的珍贵、精品高档，服务高端人员独占市场。（所谓"定机货"是指所有丝绸一律在丝绸中心苏州定织，品种、质量、密度高于普通货物，并由技术人员严格检验。所谓"自染色布"，是指瑞蚨祥所售色布全部采用优良布坯、染料，并重金聘用高技术工人精工染制。且对染好的布采用"闷色"工艺，即布染好后包捆好在布窖里存放半年以上，待染料慢慢浸透每根纱线方可出售。经过"闷色"的布缩水率小，布面平整，色泽均匀鲜艳，不易退色。）这样做虽然影响资金周转，但却在讲求诚信、质量第一的理念支撑下持之以恒地坚持下来。特别是1927年，当质次价低的日本布料充斥华北市场的时候，瑞蚨祥依然坚持用质优价高的英国布料，严禁各地分号营销日本货，以保持自己的品牌信誉。在服务态度上，顾客无论穷富，买东西无论多少，挑选时间无论长短，一律平等对待，谦逊温和，烟茶招待，礼貌迎送。通过与顾客之间的沟通了解，根据顾客不同的身份、职业、财力状况和不同的用途，急顾客所急，想顾客所想，从顾客需求出发介绍推荐不同的商品。瑞蚨祥就是这样靠着过硬的产品质量和童叟无欺的周到服务，赢得了消费者的高度认同和赞赏，也为企业的长远发展争得了商机，赢得了利益。

三是为富重仁，兼善天下。米尔顿·弗里德曼从商业追求赢利的经营目的出发，提出了"商业的本质就是赢利"的观点，这一观点强调了对于商业而言利益追求的正当性。然而，由于现实中的利益追求往往伴随着奸诈和欺骗手段，于是，有人将"无商不奸"视为商人的本质属性。但事实上，这一结论是大错特错了。商业的目的的确是为了赢利，但赢利的手段却绝不是奸诈和欺骗。商业经营实质上是通过为消费者提供服务，以此来获得商业利润的一种行为。商业利润源自商人对客户服务的劳动付出。劳动付出越多，商品销售越多，商业利润才越多。因此，真正决定商业企业获利的标杆是由服务质量和劳动付出的多少所决定的商品销售量的多少。而服务质量主要体现于企业经营者的个人诚信度。商业经营者不讲诚信，欺骗消费者，就必然因失去消费者的信任而减少或彻底失去市场。失去了市场，也便意味着无利润可言。事实证明，历史上凡是长期生存下来的商业企业，全都是靠过硬的质量成就百年品牌的商业企业，这些商业企业靠着诚信才维系了长远发展。所以，从这个意义上说，诚信才是企业利润的源泉和商业经营的本质。说得更明确一点，从大处讲，诚信是在商业求利中体现个人道德、实现社会责任的桥梁。人追求的目标从低级的物质满足到高级的精神满足。商业者的经营行为也绝不仅仅以利润的获得和经济的富足为最终追求，正如余秋雨所说的：赚钱只不过是商人的浅层目的，而深层企望则是在承担社会责任中体现出来的个人价值实现。儒家《大学》由修身齐家而向治国平天下的演进思路所规范的儒家见利思义、以义取利的义利取向，决定了儒家志在以为富重仁、公益慈善和社会救济，负起兼善天下的社会责任和社会担当，这正反映了人的需求层次由低层物质向高层精神的提升。

孟雒川商业经营的成功，正是践行儒家的诚信理念和社会担当责任，由独善其身升华为兼善天下的结果。他的商业企业在严格管理与诚信经营中一步步走向成功，又由商业成功进一步走上对社会公益的关注。他曾多次举办慈善和公益事业，诸如捐资修河，设立社仓，积谷备荒，修文庙，设义学，经理书院，捐衣施粥，施医舍药，捐资协修《山东通志》等，因而博得"一孟皆善"的社会慈善家称号。孟雒川的社会责任不仅表现在这一点，还表现在扶危求困、赈济灾民和抵抗外来侵略的一腔爱国情怀。1899年（光绪二十五年）山东受灾，巡抚毓贤委任孟雒川为平粜局总办，孟雒川与其兄孟继箴认赈巨款。1900年，八国联军侵占北京，孟雒川为了表示对外国侵略的抗议，在北京大栅栏门把店里经营的洋布全部焚之一炬，宣布全国的18家分店只卖国布。这些行为，都表现出了一个爱国儒商的民族大义和社会担当。

然而，任何产业经营，都超脱不了时代的局限和社会环境的影响，越是知名企业这一特点表现得越突出。不幸的是，以瑞蚨祥为代表的旧军孟氏企业，生存于新旧交替和民族灾难频仍的晚清和近代。内部，缺乏制度化、体系化的单打独斗式管理模式和乡土血缘、家族意识，在商业经营中保持着传统乡土与封建情结，延续着官商结合、地主买办、割据垄断的农业宗法社会痼疾；外部，又面临着频繁的战乱动荡与内忧外患。这一切，使孟氏企业在百年风光后由困顿、内耗而走向衰败。不过，即便如此，以孟雒川为代表的旧军孟氏企业的成功及其所奠立的诚信为本的经营理念，连同他的营销策略和品牌战略一起，为此后中国乃至世界的商业经营都提供了足够的借鉴。

结　语　圣贤家族与孟氏家风

循着历史发展的轨迹，我们可以明显看到，孟氏家族的兴衰与国家政治始终休戚相关。从根本上看，在传统中国，血缘与专制型社会下形成的伦理—政治型国家结构体系，原本就是将一切置于它的笼罩之下。更何况，孟子家族又因为与封建社会官方意识形态——儒学的特殊渊源而被赋予了更多的政治化色彩，使得家族的发展具有了更为明显的政治性特征。

孔氏家族的兴起是从汉代开始的，汉代封建政治正式确立，经过前期 70 年崇尚黄老的经济稳定期之后，政治的完善稳定纳入议事日程。政治稳定需要有一个稳定的理论作为思想统治工具，而以善于守成为特点的儒家思想正适合这一政治需要，兼以叔孙通、公孙弘、董仲舒等汉代儒者对先秦儒学进行积极的自我变通，使其更加适应汉代专制政治的需要，经过一番努力后，改变了的儒家思想与封建政治终于珠联璧合，恰当地结合到一起。儒术独尊，儒学（术）成了汉代政治统治思想的核心。随着儒学成为官方意识形态，儒学的创立和后继者孔子和孟子受到政治的尊崇也便成了顺理成章的事情。

孟氏家族以孟子存世而著称，事实上，孟氏家族真正形成并显耀于世，则是宋代以后的事。

已见前述，唐末五代以来，内部长期战乱和动荡造成了中国前封建时代已有的社会伦常秩序的破坏，再加上封建经济结构和政治体制的变化，外部又面临具有精致思想体系的佛教的冲击，封建政治要顺利进入后封建时代，必须增强儒家思想的哲学内涵，重建新的封建伦理秩序。现实提出了新的理论需求，这一"为往圣继绝学"的时代课题就历史地落到了以"为天地立心，为生民立命，为往圣继绝学，为万世开太平"自任的后儒身上。由韩愈率先倡导，周敦颐、二程、王安石、朱熹前赴后继，要确立新的儒家传承系统，改变先前儒家经典五经系统，对儒家经学体系进行重新组合，并"另加新解说"，以"维持这儒教的尊严"（朱熹语），维系后封建时代的长治久安。朱熹选择了《论语》、《孟子》与《礼记》中的《大学》、《中庸》两篇，形成了后封建时代崭新的儒学经典体系，儒家的原始经典"五经"被"四书"

取代。

在新的四书经典体系中,《孟子》从原来的诸子系列一跃而入经学系统,身份发生了颠覆性变化。随着四书体系的形成,《孟子》的升格运动完成了,封建政府在文人的呼吁下一步步渐臻于强化。而在以家族为本位,以血缘伦理为政治基础的封建时代,孟氏家族也便随着孟子地位的提升而日益受到尊崇。于是,家族由卑而显、由微而尊、由小到大,府庙林墓依次建成,人丁繁衍日趋兴旺,一个俨然与普通民间家族不同的圣贤家族就这样形成并壮大起来。

家风不仅随着家族的兴起而形成,并且家族不同的形成方式也决定着不同的家风特点。孟氏家族的形成特点,决定了孟氏家族的家风特点。

要讨论这一点,需要我们把视野放开一些,考察一下我国家族的不同种类。因为家风与家族存在方式相一致。因此,只有我们在宏观上把握了家族存在的不同方式,才可以更准确地把握家风的特点。

班固在《汉书》里说:百里不同风,千里不同俗。这是从不同地域对民俗民风的影响而言的。中国地域广大,腹里纵深,在古代交通不畅的情况下,各地形成了不同的民俗风情和生活习惯,西商(鞅)韩(非)而东管(仲)邹(衍),北燕赵而南吴楚,凌厉与灵活,慷慨与放诞,南北东西各不同。家族的形成与特点也是随着各自地域与文化特点的不同而有所差异。但总括看来，大致不外乎两种：

一种是民间自然生成的家族。这类家族无论在家族生成、分布地域还是家风特点上都代表了我国家族的主流。从生成上看，这些家族都是在重血缘伦理的大文化背景下，在聚族而居的民俗传统中从民间自然生长起来。当然，说它们"自然生长"，并不是说它们从不曾受到封建政府的眷顾和扶持，而是指在它们的发家史上，主要靠着自己的力量，即主要靠着家族在严酷生存环境下自我强大的内聚力，形成了"耕读传家"的家族传统风习，以"耕"求得家族生存，而以"读"求得科举入仕，以家族与政治的联姻实现家族的长期存续与发展。其中"耕"是家族存世的前提，而"读"则是家族延续壮大的条件。

与中国多数类似民间自发生长起来的普通家族相比，孟氏家族的发展则因其邹鲁相邻的地缘特征而被赋予了特定的鲁风孔学意味，即由尊礼重教的儒风习染而成就了孟母教子的家学教育渊源，又由孟子对儒学的弘扬而使家族在存亡继绝、延续儒家传统、承接儒学根脉上肩负着特殊使命，这些因素共同塑造了孟氏家族"诗礼传家"的家族文化风习。特别是封建社会后期，随着儒学政治地位的抬升，政府对于孟氏家族在经济、政治上的多方优遇，使孟氏家族摆脱了

"耕"的生存压力,而专注于"恪遵先祖圣训",注重温良恭俭、礼义廉耻等儒家传统道德品格的习染和养成,从而成就了孟氏家族在尊先敬祖的血缘存续中崇德重教、传承儒道的家族风尚。

辩证地看,这样的家风与家学教育特点,无疑使孟氏家族在弘扬儒家思想中,更好地以楷模的角色力量承担起中国文化传承的重担。

正所谓:钟鸣鼎食圣人家,礼门义路家规矩。仁是孔氏宅,义是孟氏路,由孔至孟,据仁由义,完成了孔、孟思想精神和家族家风的承接,也由此奠基了中华民族博大深厚的民族精魂。

附 录

(一) 孟氏大宗世系

1. 孟子先祖世系表

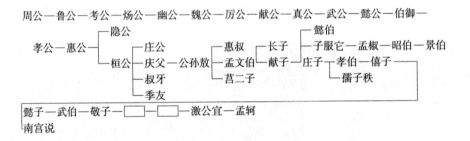

周公—鲁公—考公—炀公—幽公—魏公—厉公—献公—真公—武公—懿公—伯御—

孝公—惠公—隐公
　　　　　　—桓公—庄公
　　　　　　　　　—庆父—公孙敖—惠叔
　　　　　　　　　　　　　　　　—孟文伯—长子
　　　　　　　　　　　　　　　　　　　　—献子—懿伯
　　　　　　　　　　　　　　　　　　　　　　　—子服它—孟椒—昭伯—景伯
　　　　　　　　　　　　　　　　　　　　　　　—庄子—孝伯—僖子
　　　　　　　　　　　　　　　　　　　　　　　　　　—孺子秩
　　　　　　　　　　　　　　　　—莒二子
　　　　　　　　　—叔牙
　　　　　　　　　—季友

僖子—懿子—武伯—敬子—□—□—激公宜—孟轲
　　—南宫说

2. 孟子嫡裔世系表

孟轲（1）—仲子（2）—睾（3）—寓（4）—舒（5）—之后（6）—昭（7）—但（8）—

卿（9）—喜（10）—镃（11）—兴（12）—尝（13）—展（14）—（有或）（15）—敏（16）—

光（17）—康（18）—宗（19）—揖（20）—观（21）—嘉（22）—怀玉（23）—表（24）—
　　　　　　　　　　　　　　　　　　　　　　　　└龙符

斌（25）—威（26）—恂（27）—儒（28）—景（29）—善谊（30）—诜（31）—大融（32）—
—浩然（33）——云卿（34）—简（35）
　　　　　　　　　　　　　　└华
　　　　　　　　└庭玢—郊—常谦—（36）—遵庆（37）——
　　　　　　　　　　　—鄷　　　　　　　　　　└元阳
　　　　　　　　　　　—郢

琯（38）—方立（39）—承海（40）—汉卿（41）—贯（42）—昶（43）—— 公济（44）—
　　　　　└方迁

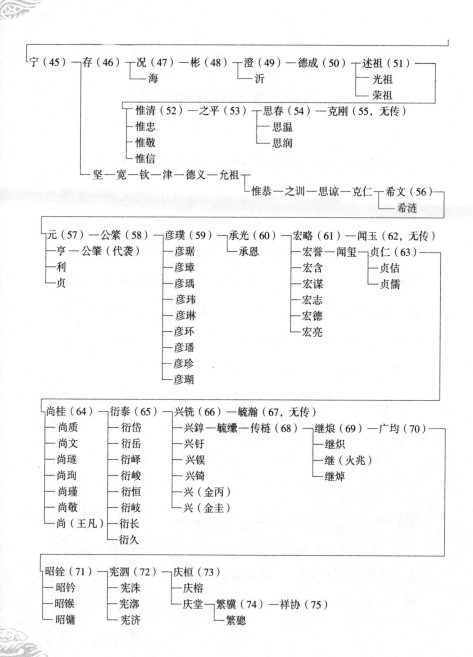

宁（45）—存（46）┬况（47）—彬（48）┬澄（49）—德成（50）┬述祖（51）
　　　　　　　　└海　　　　　　└沂　　　　　　├光祖
　　　　　　　　　　　　　　　　　　　　　　　└荣祖

　　　　　┌惟清（52）—之平（53）┬思春（54）—克刚（55，无传）
　　　　　├惟忠　　　　　　　　├思温
　　　　　├惟敬　　　　　　　　└思润
　　　　　└惟信

　　　└坚—宽—钦—津—德义—允祖┐
　　　　　　　　　　　　　　　　└惟恭—之训—思谅—克仁┬希文（56）
　　　　　　　　　　　　　　　　　　　　　　　　　　　└希涟

元（57）—公繁（58）┬彦璞（59）┬承光（60）┬宏略（61）—闻玉（62，无传）
├亨—公肇（代袭）├彦琚　　└承恩　　├宏誉—闻玺┬贞仁（63）
├利　　　　　　├彦璋　　　　　　　├宏含　　　├贞估
└贞　　　　　　├彦瑀　　　　　　　├宏谋　　　└贞儒
　　　　　　　├彦玮　　　　　　　├宏志
　　　　　　　├彦琳　　　　　　　├宏德
　　　　　　　├彦环　　　　　　　└宏亮
　　　　　　　├彦瑶
　　　　　　　├彦珍
　　　　　　　└彦瑚

尚桂（64）┬衍泰（65）┬兴铫（66）—毓瀚（67，无传）
├尚质　　├衍岱　　├兴镈—毓缫—传榁（68）┬继烺（69）—广均（70）
├尚文　　├衍岳　　├兴钎　　　　　　　　├继炽
├尚璲　　├衍峄　　├兴镆　　　　　　　　├继（火兆）
├尚珣　　├衍峻　　├兴镝　　　　　　　　└继焯
├尚瑾　　├衍恒　　├兴（金丙）
├尚敬　　├衍岐　　└兴（金圭）
└尚（王凡）├衍长
　　　　　└衍久

昭铨（71）┬宪泗（72）┬庆桓（73）
├昭钤　　├宪洙　　├庆榕
├昭镞　　├宪潹　　└庆堂┬繁骥（74）—祥协（75）
└昭镛　　└宪济　　　　　└繁璁

（二）家规二十条

说明：家族的延续既仰赖子孙血脉的绵延，也依靠族训家规的传承。前者是物质基础，后者是精神归依。孟氏家规于总谱无载，而于支谱却浩若繁花。其思之深，其情之切，其内涵之丰富，其亚圣特色之浓烈，堪为叹服！今将孟氏76代孙孟令保先生提供的光绪三十二年《孟子世家流寓湖南支谱》所收孟氏《家规二十条》原文摘录，以飨读者。本家规标点系本书作者引用时所加。

孝 亲

父母之德，昊天罔极。子当襁褓未离，饥则为之哺，寒则为之衣，行动则跬步不离，疾病则寝食皆废。至于成立，授家室，谋生理，百计经营，心力俱瘁。为子者，自当谨身节用，以隆孝养。奈何好货财，私妻子，博弈饮酒，好勇斗狠，只图一己之欢，不顾父母之养。大本不立，百行俱败矣。亚圣祖曰：孰不为事？事亲，事之本也。

弟 长

凡今之人，莫如兄弟。兄固当念鞠哀以友于弟，弟尤当念天显以恭厥兄。不以少凌长，不以小加大，不听妇言以乖骨肉，不信人谗以伤天性，不因财产相竞，顿忘手足之情，不因意见偶乖竟昧本根之义，则天序秩然，一室太和，侮慢不恭无虑矣。亚圣祖曰：徐行后长者谓之弟，疾行先长者谓之不弟。夫徐行者，岂人所不能哉？所不为也。

睦 族

伯叔兄弟，虽有亲疏，原从一本而分，自当喜相庆而难相恤，情相告而色相和。末俗或以富贵骄而傲慢施于同气，或以势力胜而欺凌汩其天亲。非惟不知雍睦，亦且忘其为宗族矣。夫子孙繁衍，祖宗之幸至。一脉之传，相角相仇，则子孙何以对吾祖宗，而祖宗亦何乐有是子孙？亚圣祖曰：不藏怒焉，不宿怨焉，亲爱之而已矣。

和 邻

邻有丧，舂不相，里有殡，巷不歌。洽比之谊，礼训昭然。凡在乡党，必归于和睦，毋为嚣凌，母相攘夺。排难解纷，虽异姓必如同姓；敬老慈幼，视一乡不啻一家。则风淳俗美，有司表为仁里，君子称为乐郊，岂不幸哉？亚圣祖曰：出入相友，守望相助，疾病相扶持，则百姓亲睦。

劝 学

业精于勤荒于嬉，行成于思毁于随。虽有至道，弗学，不知其善也。道岸有何止境？宜防一篑之亏。修途无可息肩，必切三余之足。勿以利钝丧志，勿以贫富易心，勿以毁誉萦怀，勿以穷通系念。从来岁月易催，人对黄卷青灯，须惜寸阴尺璧。莫谓文章无定价，到龙楼凤阁，方知一字千金。然则读圣贤书可不专心致志，而纯盗虚声哉？亚圣祖曰：学问之道无他，求其放心而已矣。

课 农

天子耕南郊，诸侯耕东郊，虽君公之贵，犹躬亲之，况身为农夫？一家衣食无不从力田中来，苟惰农自安，则罔有黍稷，仰不足以事父母，俯不足以畜妻子，饥寒交迫甚至有不免于死亡者矣。人能识得此道，即不可好逸恶劳，始勤终怠。惮沾体涂足之苦，荒芜田园；爱东游西荡之闲，玩愒岁月。亚圣祖曰：不违农时，谷不可胜食也。

存 心

公平待世，便是培植心田；盘算害人，便是剥丧元气。岂必分财于人？只莫止知有己。每见忠厚传家，子孙昌盛；险刻居心，子孙寥落。天道之报，复不爽也。将欲垂裕后昆，盖先完其天良。亚圣祖曰：君子所以异于人者，以其存心也。

立 品

矜奇炫异，固圣贤所不为；砥节砺行，亦君子所必勉。盖品行不端，则饰诈钓名，不顾纲常名教。屈节阿世，只图功利权谋。玷辱宗祖，败坏家声，莫此为甚。亚圣祖曰：富贵不能淫，贫贱不能移，威武不能屈，此之谓大丈夫。

养 教

蒙以养正，圣功也。盖自襁褓而择母，羁贯而就师，无时无教。苟时当冲幼，而曰童子何知，任其逸游骄惰，则少成天性，习惯自然，至行亏名辱，虽悔何追？教弟子者，可不及时加察哉？亚圣祖曰：中也养不中，才也养不才，故人乐有贤父兄也。

户　长

家有户长，犹国有官司。国之曲直不明，有司之过；家之是非不当，户长之责。近来曲直混淆，而邪正互攻，无他，市私恩，挟私仇，公论不立故也。如斯人者，祖宗必定鉴察，可不慎与？亚圣祖曰：枉己者，未有能直人者也。

祭　祖

水源木本，上下有同情；报本追远，古今无异理。此所以感秋霜而悽怆，履春露而怵惕也。每当春秋二季，必骏奔在庙，斋明盛服以承祭祀。虑事不可不豫，具物不可不备，毋得陨越以贻神羞。亚圣祖曰：牺牲不成，粢盛不洁，衣服不备，不敢以祭。

护 墓

物本乎天，人本乎祖。子孙思其祖宗而不得见，见坟墓
如见我祖宗焉。清明祭扫，必诚必敬。凡有损坏，则修补
之，蓬棘则剪芟之，树木什器则爱惜之。盖敬祖护墓无非体
古人掩亲之心，竭子孙报本之诚也。亚圣祖曰：孝子仁人之
掩其亲，亦必有道矣。

息 讼

太平百姓，完赋役，息争讼，便是天堂世界。盖讼则有
害无利，甚至破家荡产，亡身辱亲，冤冤相报，害及子孙。
总之为一念客气，始始能忍，终自无祸。亚圣祖曰：有人于
此，其待我以横逆，则君子必自反也，我必不仁也，必无礼
也。此物奚宜至哉？

完 赋

赋税之征，国家法度所系。若任情迟缓，故意抗违，则
官吏追呼，多方需索，无名之费或反浮于应纳之数。而究
之所未完者，仍不能宽贷，何乐为之？亚圣祖曰：劳心者治

221

人，劳力者治于人；治于人者食人，治人者食于人，天下之
通义也。

尊　师

师也者，所以传道、授业、解惑也。师严，然后道尊。
教者，固宜端模范，而尊师所以重道，学者尤当谨步趋如。
或情意不笃，礼貌不隆，则既无受教之诚，又安望有不倦之
诲？亚圣祖曰：挟贵而问，挟贤而问，挟长而问，挟勋劳而
问，挟故而问，皆所不答也。

取　友

君子以文会友，以友辅仁，非为平居里巷相慕悦，酒食
游戏相征逐也。取友必端，而后善有所劝，过有所规。切勿
比之匪人，致累德业，迨至身名俱败，隙末凶终，然后请息
交以绝游，悔之晚矣。亚圣祖曰：友也者，友其德也。

崇　俭

人生福分，各有限制。如饮食衣服，日月起居，一一朴

啬。留有余不尽之享，以遗造化；优游天年，自可以养福。慎无宴安、懒惰、侈靡、骄奢。盖人心一侈，则祖宗世业不难荡废于一旦。亚圣祖曰：食之以时，用之以礼，财不可胜用也。

怜 贫

饥寒疾苦，自古多不齐之数，而立达在念。仁人有辅助之功，今人酒肉馈遗多施于家温还报之人，而族中操壶瓢为沟中瘠者，曾不一念及之。甑内尘生，门前草青，凄风苦雨，举目萧条，自当随便周济，念吾祖宗一体之仁。更有士儒辈身值困穷，而圣贤之业又不忍废，尤当给俸米以坚其志，助考费以成其名。盖为国家恤人才，为祖宗培忠厚，未必非小补。亚圣祖曰：哿矣，富人哀此茕独。

臣 道

子之能仕，父教之忠，古之制也。人既以《诗》、《书》为业，自当以远大为期。忠君爱国之道，必于匡居诵读之时一一讲求而后处不愧为名儒者。出即可为良臣，敬陈仁义，致君尧舜，非儒生分内事乎？亚圣祖曰：君子之事君也，务引其君以当道，志于仁而已。

妇　道

妇人以顺为正，以勤为先，自当谨守"三从"，恪遵"四德"，为女中君子。切勿自逞其能，为家之索；自乖其性，为厉之阶也。启圣母曰：妇人之礼，精五饭，幂酒浆，养舅姑，缝衣裳而已。故有闲内之修，而无境外之志。

编辑主持：方国根　李之美

责任编辑：钟金铃

版式设计：汪　莹

图书在版编目（CIP）数据

邹城孟氏家风 / 朱松美 著 . – 北京：人民出版社，2015.11

　（中国名门家风丛书 / 王志民 主编）

ISBN 978 – 7 – 01 – 015093 – 2

I.①邹… 　 II.① 朱… 　 III.①家庭道德–邹城市 　 IV.① B823.1

中国版本图书馆 CIP 数据核字（2015）第 173536 号

邹城孟氏家风
ZOUCHENG MENGSHI JIAFENG

朱松美　著

人 民 出 版 社 出版发行

（100706　北京市东城区隆福寺街 99 号）

北京汇林印务有限公司印刷　新华书店经销

2015 年 11 月第 1 版　2015 年 11 月北京第 1 次印刷

开本：880 毫米 × 1230 毫米 1/32　印张：7.625

字数：131 千字

ISBN 978 – 7 – 01 – 015093 – 2　定价：24.00 元

邮购地址 100706　北京市东城区隆福寺街 99 号

人民东方图书销售中心　电话（010）65250042　65289539